ÍNDICE

I0484309

(Nota: Hay reseñas bibliográficas marcadas a lo largo del texto como (nº) si está basado en algún artículo o como *x* si la información está extraída de una web)

Título: p53: "El guardián del genoma"

Autor: Mario Rodríguez Peña

Edición: CreateSpace Independent Publishing Platform

Fecha de publicación: Mayo de 2008

ISBN: 978-1-5027-1439-8

I. INTRODUCCIÓN

p53 es un factor de transcripción que regula el ciclo celular y ejerce funciones de supresor de tumores, se la ha llamado también "el guardián del genoma" "el gen ángel de la guarda" o " el maestro vigilante" refiriéndose a su rol de prevenir la mutación del genoma.

El nombre p53 hace referencia a su peso molecular aparente: corre como una proteína de 53 kDa en SDS-PAGE. Sin embargo basándose en cálculos a partir de sus aminoácidos el peso de p53 es sólo de 43.7 kDa. Esta diferencia se debe a que tiene una región rica en prolinas que ralentiza la migración de p53 en SDS-PAGE, haciendo que parezca más grande.

p53 tiene varios mecanismos anti-cáncer:

1. Puede activar proteínas reparadoras de ADN cuando este ha sufrido un daño o mutación: Uno de sus genes diana transcripcionales, p53R2, codifica para una reductasa de ribonucleótidos, que es importante en la replicación y reparación del ADN. p53 también reacciona directamente con la endonucleasa AP y la ADN polimerasa que están implicados en la reparación por escisión.

2. Puede detener el ciclo celular en el punto de restricción G1/S si reconoce el daño en el ADN para evitar su replicación (si la parada dura lo suficiente, las proteínas reparadoras del ADN tendrán tiempo para arreglar el daño y el ciclo celular continuará)

3. Puede iniciar apoptosis, la muerte celular programada, si el daño del ADN es irreparable, para evitar así la proliferación de las células que contienen ADN anormal.

La concentración celular de p53 debe estar fuertemente regulada. Mientras que puede suprimir tumores, el alto nivel de p53 puede acelerar el proceso del envejecimiento por apoptosis excesiva. El regulador principal de p53 es Mdm2 (ubiquitina ligasa), que puede accionar la degradación de p53 por el sistema de ubiquitinación. El mecanismo de regulación es el siguiente: Mdm2 actúa directa sobre p53 en el núcleo (por unión y enmascaramiento del dominio de activación trascripcional de p53) e indirectamente en el citoplasma (marcando p53 para su ubiquitinización y degradación por vía del proteosoma). La expresión de Mdm2, a su vez, está regulada por p53 de forma que se mantengan los niveles de p53 bajos una vez se ha reparado el daño celular: Tiene una vida media de 20 minutos ya que se va degradando según se sintetiza.

Se ha descubierto recientemente que la fosforilación específica de la Thr-18 (amino-terminal) de p53 por la kinasa Vrk1 disminuye la interacción con Mdm2. La fosforilación de este aminoácido ha sido descrita en células senescentes y en células con disrupción de microtúbulos por taxol.

a. El conocido enfoque virológico

Los estudios de las células transformadas por SV40 (virus que se estudió por estar presente en vacunas de la polio y producir tumores, explicado más adelante) muestran que una proteína de 53 kDa coprecipitaba con el Antígeno T grande (Chang et al. 1979; Kress et al. 1979 (1); Lane y Crawford 1979; Linzer y Levine 1979 (2); Melero et al. 1979 (3)). Entonces se postuló que esta proteína podría ser codificada por el genoma celular. Linzer y Levine (1979) (2) encontraron que la proteína de 53 kDa estaba sobreexpresada en una gran variedad de células de ratón transformadas por SV40, pero también en células embrionarias de carcinoma no infectadas. Una parte del mapa de la proteína de 53 kDa era idéntico entre las diferentes líneas celulares, pero claramente diferente del mapa del Antígeno T grande de SV40 (Kress et al. 1979 (1); Linzer y Levine 1979 (2)). Entonces se postuló que la infección por SV40 o la transformación de las células de ratón estimulaba la síntesis o la estabilidad de la proteína celular de 53 kDa.

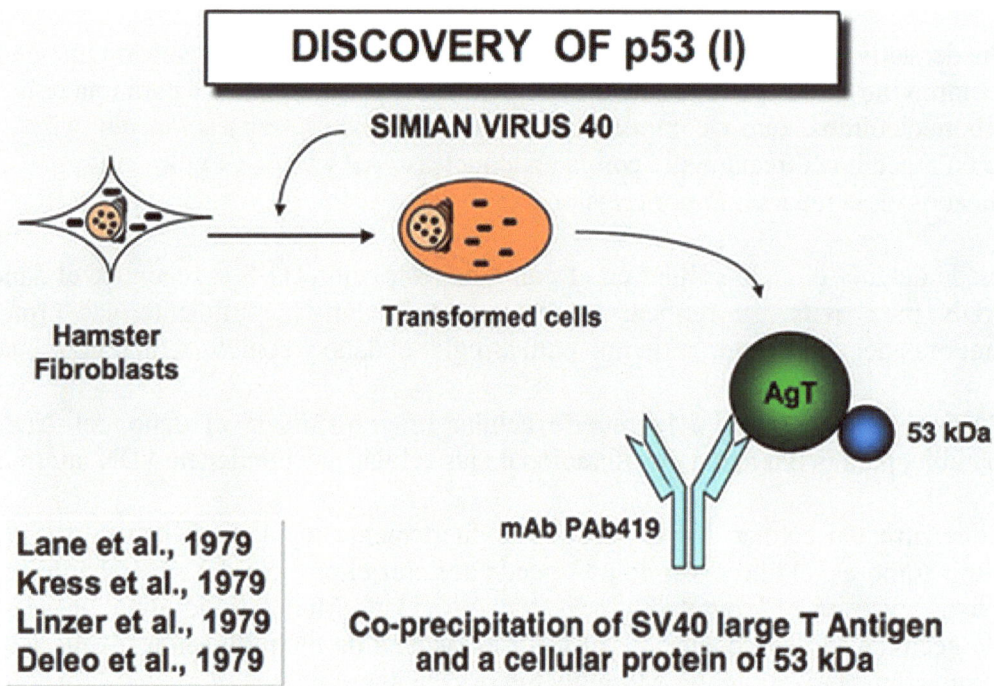

b. El menos conocido enfoque serológico

En 1979, DeLeo et al., demostraron que la respuesta humoral del ratón para algunas líneas celulares tumorales inducidas con metilcolantreno estaba dirigida contra la proteína p53. Más tarde se encontró que animales con múltiples tipos de tumores desarrollaban una respuesta inmune específica contra p53 (Kress et al. 1979 (1); Melero et al. 1979 (3); Rotter et al. 1980). Después Caron de Fromentel et al. (1987) encontraron que estos anticuerpos estaban presentes en el suero de niños con una gran variedad de cánceres.

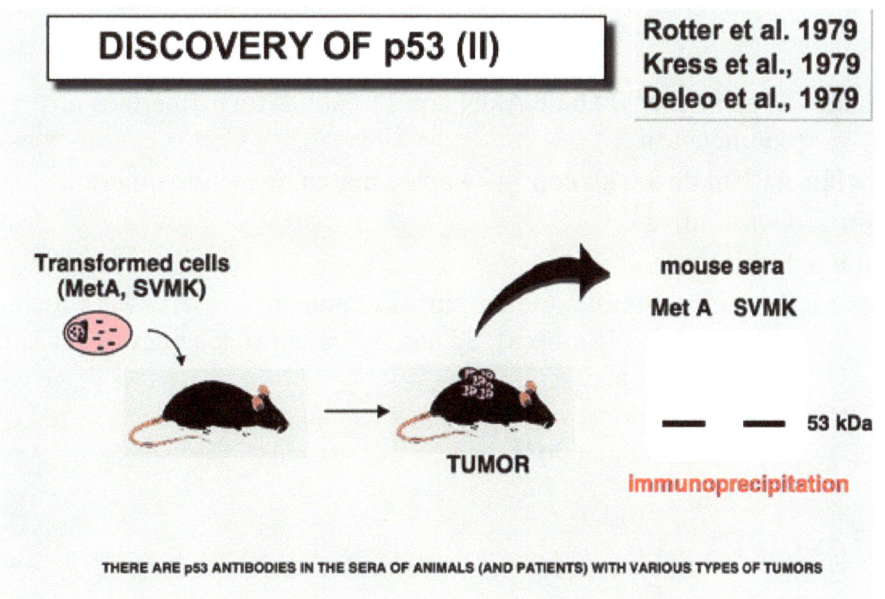

II. EL GEN *TP53* (4)

TP53	17p13.1	Antígeno tumoral p53
Aunque en el ratón este en el cromosoma 11 y en la rata en el 10		

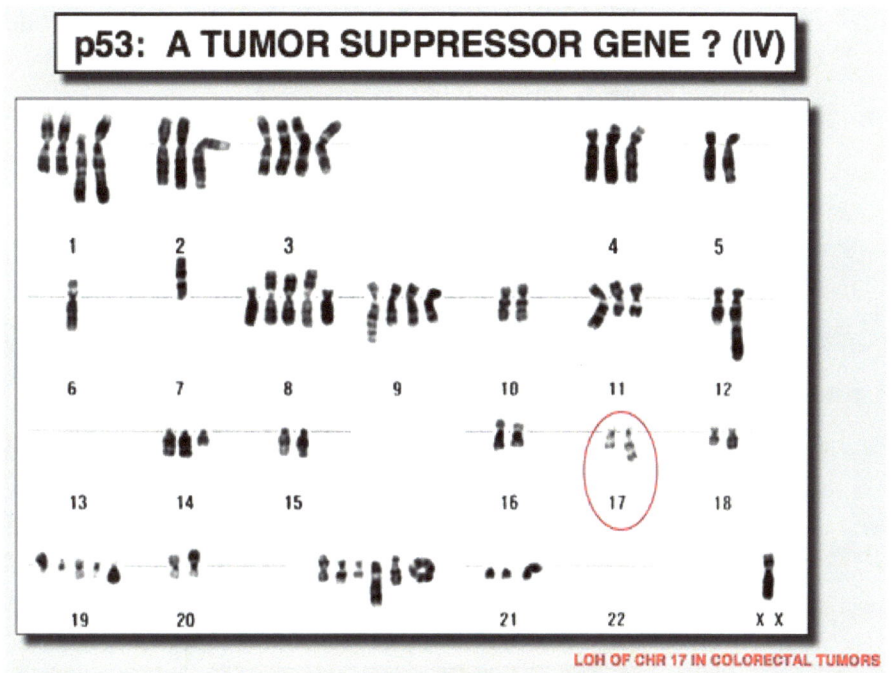

Descripción El gen tiene 20 kb de ADN con 11 exones (el primero es no-codificante).

Trascripción ARNm de 3.0 kb con 1179 bp de marco de lectura abierto.

Expresión Constitutiva

Localización Núcleo

Homología Los cinco dominios son regiones altamente conservadas entre especies (del hombre a la mosca). Se han descubierto dos nuevos genes homólogos a p53:
p73 localizado en 1p36
p63 localizado en 3q27

a. Mutaciones

Germinal Síndrome de Li-Fraumeni (tratado más adelante en un capítulo específico)

Somático *TP53* esta mutado en cerca del 50% de cánceres humanos, y el alelo no mutado generalmente se pierde. Las mutaciones somáticas de *TP53* son frecuentes en la mayoría de cánceres humanos, oscilando entre el 5% y el 80% dependiendo del tipo, estadio y etiología de los tumores.

La mayoría de las mutaciones son "mal sentido" (75%) y las demás son "sin sentido" (7.5%), deleciones, inserciones o splicing alternativo (17.5%). Hay algunos puntos calientes para las mutaciones en el codón CpG de las posiciones 175, 248, 273 (rs28934576) y 282, en los exones 5-8 que se encuentran en el dominio central de unión al ADN.

La mutación del gen *TP53* es un marcador en la prognosis de muchos cánceres, como el de mama. Han sido observadas mutaciones especificas en los cánceres de pulmón, hígado, piel y vejiga que están relacionadas con la exposición a un carcinógeno especifico: humo de tabaco (benzopireno), aflatoxina (contaminación alimentaria)/HBV, UV y arilaminas (humo de tabaco y tintes).

III. Estructura de la proteína p53

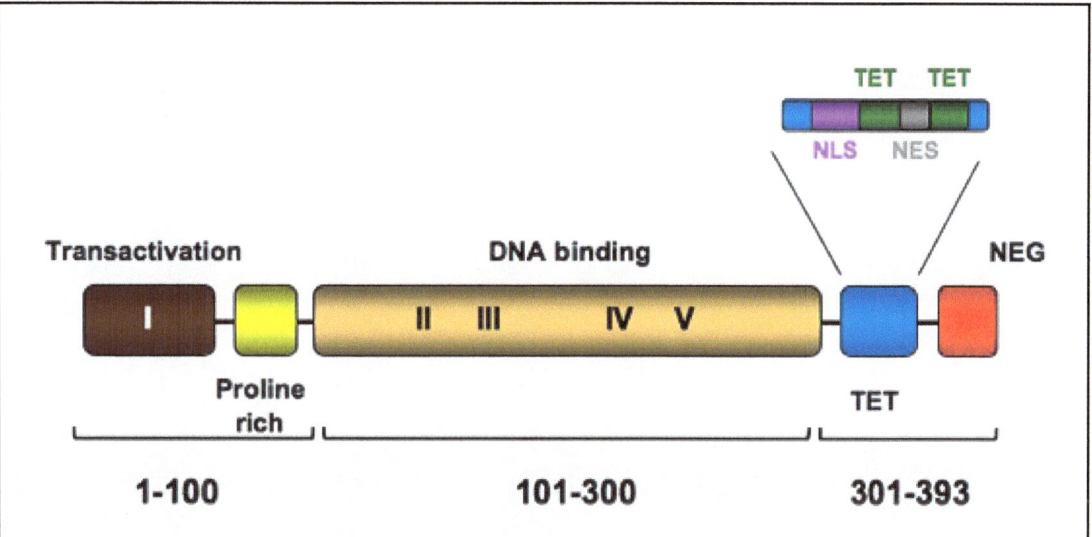

La proteína "*Human p53*" (Hp53) se divide en cinco dominios que tienen funciones específicas:

I) El amino-terminal (1-42) contiene el dominio de transactivación acídica (regulador de genes) y el sitio de unión a la proteína Mdm2. También contiene la "*Highly Conserved Domain I*" (HCD I)

II) Región 40-92: contiene series repetidas con prolina que están conservadas en la mayoría de los p53. También contiene un segundo dominio de transactivación.

III) La región central (101-306) contiene el dominio de unión al ADN. Es la diana del 90% de mutaciones de p53 encontradas en cánceres humanos. Contiene HCD II a V.

IV) El dominio de oligomerización (307-355, TET) consiste en una lámina beta, seguida de una alfa-hélice necesaria para la dimerización, ya que p53 está compuesto por un dímero de dos dímeros. Una señal de exportación nuclear (NES) está localizada en este dominio.

V) El carboxi-terminal (356-393) contiene 3 señales de localización nuclear (NLS) y un dominio de unión al ADN inespecífico que se une al ADN dañado. Esta región también está involucrada en la inhibición de la unión al ADN del dominio central.

a. Modificaciones del amino-terminal

Fosforilaciones por parte de distintas kinasas (abajo indicadas) tras el daño del ADN que inhiben la formación del complejo con Mdm2 estabilizándolo para que pueda ejercer su función de transactivación (incremento de la transcripción) de genes apoptóticos.

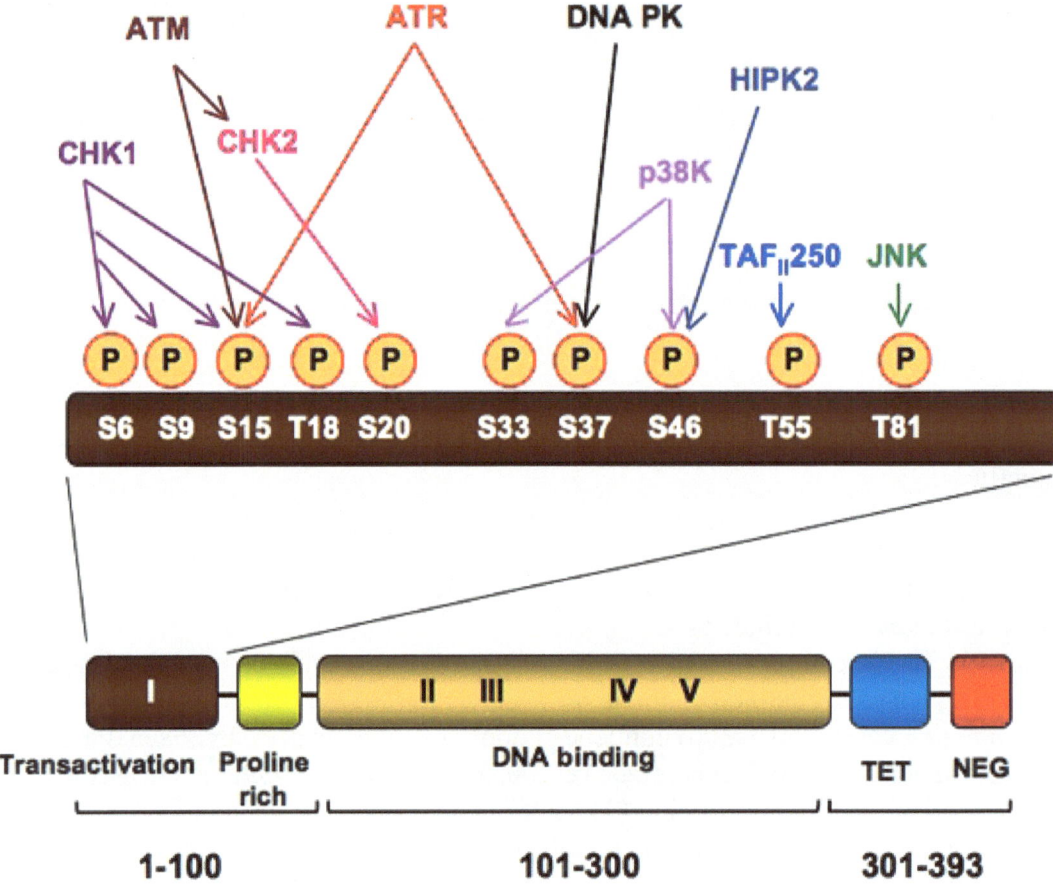

b. Modificaciones del carboxi-terminal

La ubiquitinación, neddilación y sumoilación es la unión de las proteínas pequeñas: ubiquitina, Nedd8 (con un 53% de homología con la anterior) y SUMO respectivamente

INACTIVAN p53 por marcarlo para la degradación en el proteosoma: La ubiquitinación y neddilación (ambas mediadas por Mdm2; la ubiquitina y Nedd8 debido a su homología) y recientemente se ha descubierto que la fosforilación en el carboxi-terminal. La sumoilación (mediada por la SUMO-ligasa: PIAS1) mantiene secuestrado p53 en un estado inactivo.

ACTIVAN p53 porque la estabilizan: La acetilación (mediada por p300/CBP) y recientemente se ha visto que la metilación también (Chuikov et al., 2004) al estabilizarla.

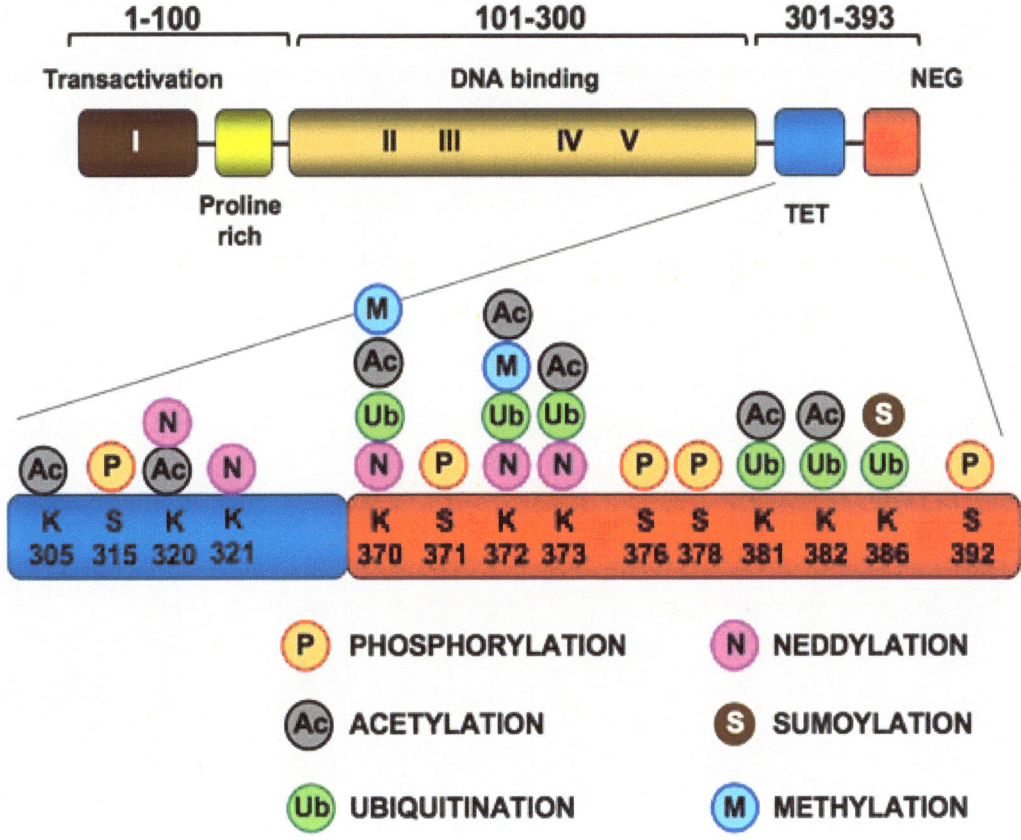

IV. p53 como supresor de tumores

Aunque el gen p53 se puede definir como un supresor de tumores tiene algunas características originales. Más del 95 % de las alteraciones en el gen p53 son mutaciones puntuales que producen una proteína mutante, la cual en todos los casos ha perdido su actividad transcripcional. Se ha demostrado que algunos mutantes p53 (dependiendo del sitio de la mutación) exhiben un fenotipo dominante y pueden asociarse con p53 salvaje (expresada por el restante alelo salvaje) induciendo la formación de un heteroligómero inactivo (Milner y Medcalf 1991).

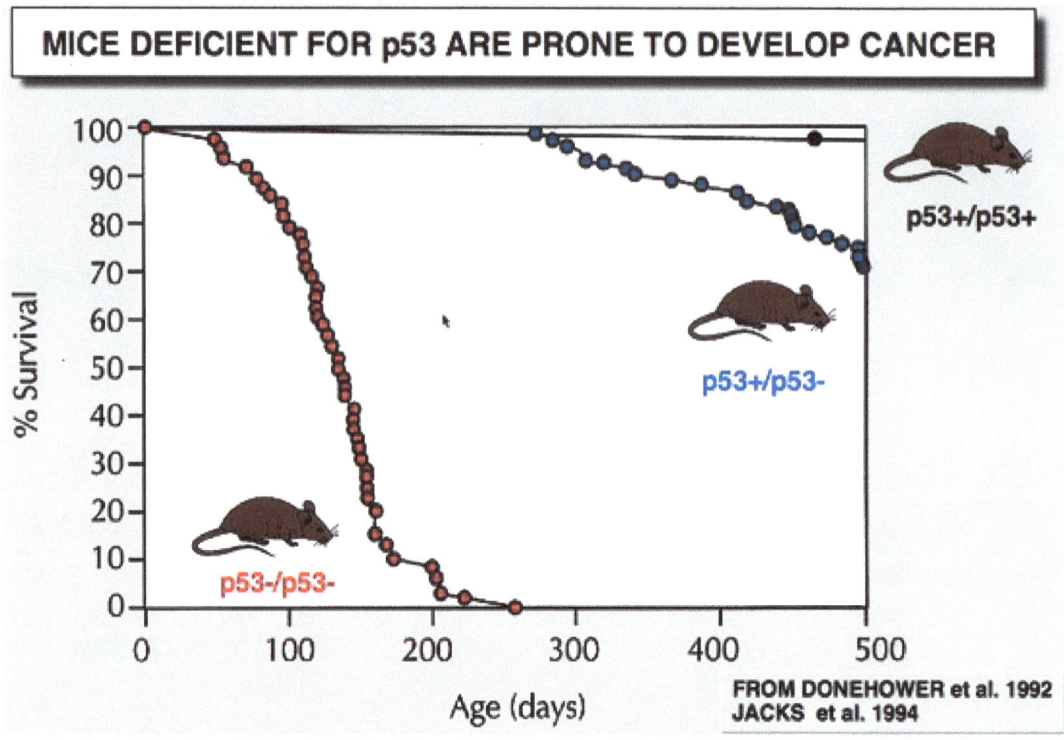

MICE DEFICIENT FOR p53 ARE PRONE TO DEVELOP CANCER

p53+/p53+

p53+/p53-

p53-/p53-

FROM DONEHOWER et al. 1992
JACKS et al. 1994

Además una cotransfección de un mutante p53 con gen Ras activado muestra que tienen una alta actividad oncogénica dominante (Halevy et al. 1990). Estas observaciones llevaron a proponer que existen muchas clases de mutantes p53, según el sitio de mutación y su fenotipo (Michalovitz et al. 1991):

a) mutaciones nulas con p53 totalmente inactivo que no intervienen directamente en la transformación
b) mutaciones dominantes negativas con p53 totalmente inactivo que todavía puede interferir con p53 expresada del alelo salvaje
c) mutaciones dominantes positivas donde la función normal de p53 es alterada pero en este caso el mutante p53 adquiere una actividad oncogénica que está directamente involucrada en la transformación.

Debido a la función dominante negativa por el que el mutante p53 gana a menudo la habilidad de cooperar con los productos del oncogen Ras y puede bloquear el p53 normal en su unión apropiada, inicialmente se pensó que el gen *TP53* era un oncogen [Jenkins et al 1985] más que un supresor de tumores.

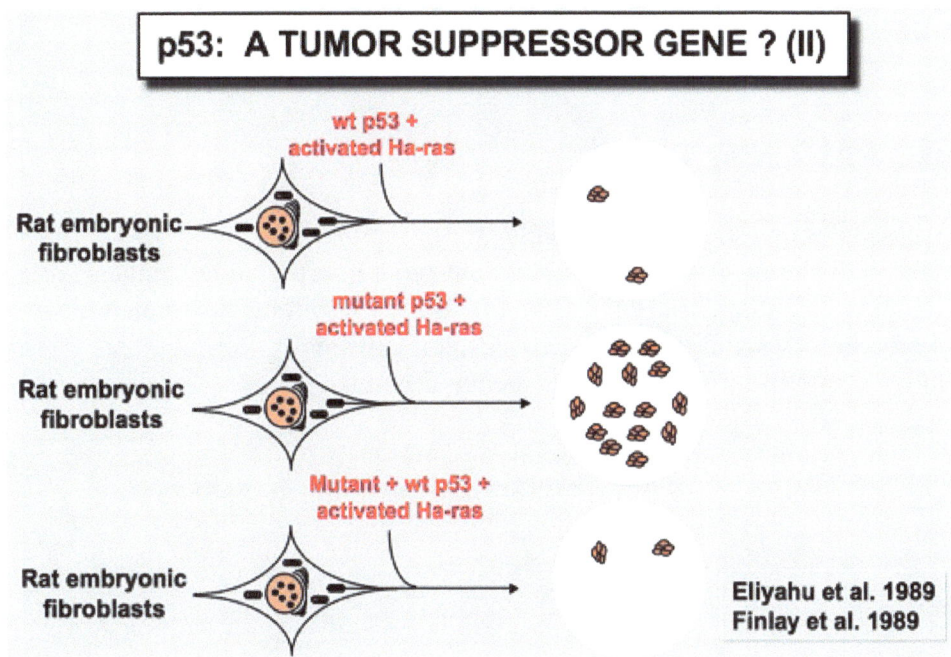

a. p53 en eritroleucemia murina (de ratón) de Friend

En estos tumores inducidos por el virus Friend (FV también conocido como *Spleen Focus-Forming Virus*), el gen p53 encontrado en las células tumorales es a menudo recolocado, provocando la ausencia de expresión o la síntesis de una proteína truncada o mutante (Mowat et al. 1985) La mutación a menudo afecta a uno de los bloques conservados de la proteína (Munroe et al. 1988). En todos los casos estudiados, el segundo alelo se pierde por pérdida del cromosoma, o se inactiva por deleción. En este modelo de tumor, la inactivación funcional del gen p53 parece conferir una ventaja adaptativa en el crecimiento a las células eritroides durante el desarrollo de la leucemia de Friend *in vivo*.

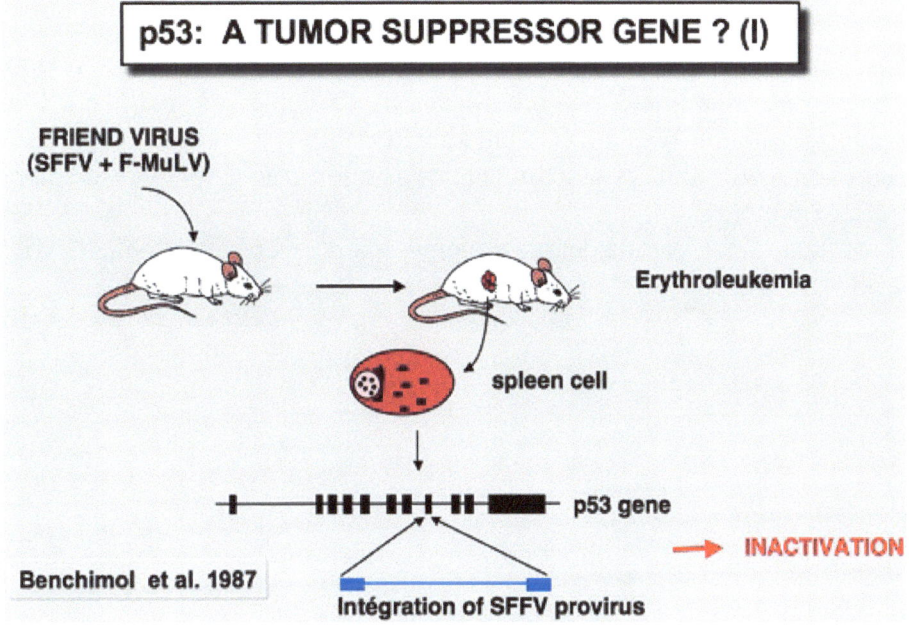

V. Rutas de p53

a. Ruta *upstream* de p53

a) Las señales de estrés activan la ruta
b) Los mediadores *upstream* (kinasas) detectan e interpretan las señales *upstream*.
c) La regulación nuclear de p53 a través de su interacción con efectores que modulan su estabilidad por modificación covalente, normalmente inestable e indetectable en un Western (vida media: 20 min)

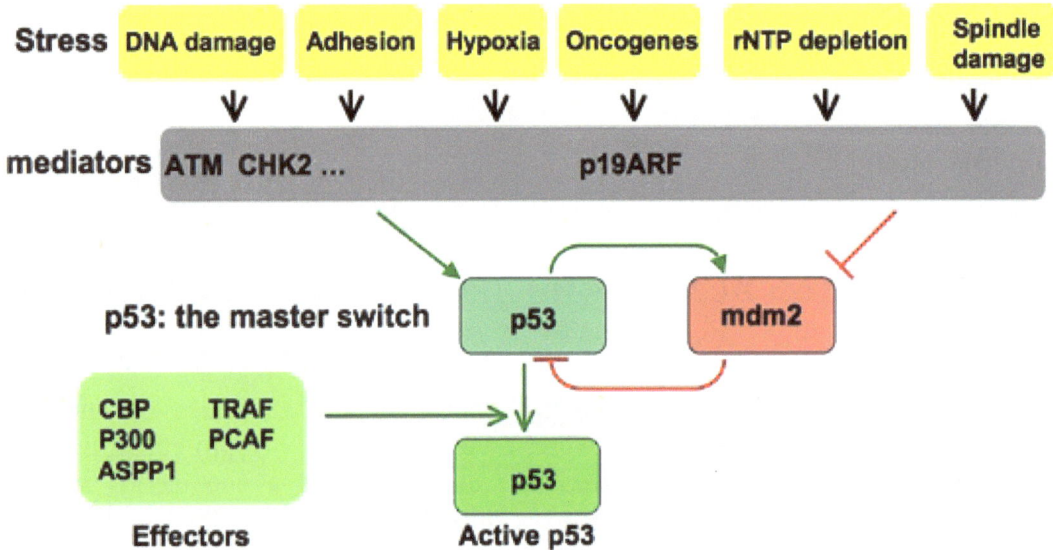

b. Ruta *downstream* de p53

a) la regulación nuclear de p53 a través de su interacción con efectores que modulan su estabilidad por modificación covalente, normalmente inestable e indetectable en un Western (vida media: 20 min).
b) eventos *downstream*, principalmente activación transcripcional o interacciones proteína-proteína
c) El resultado final, parada del crecimiento, apoptosis o reparación del ADN

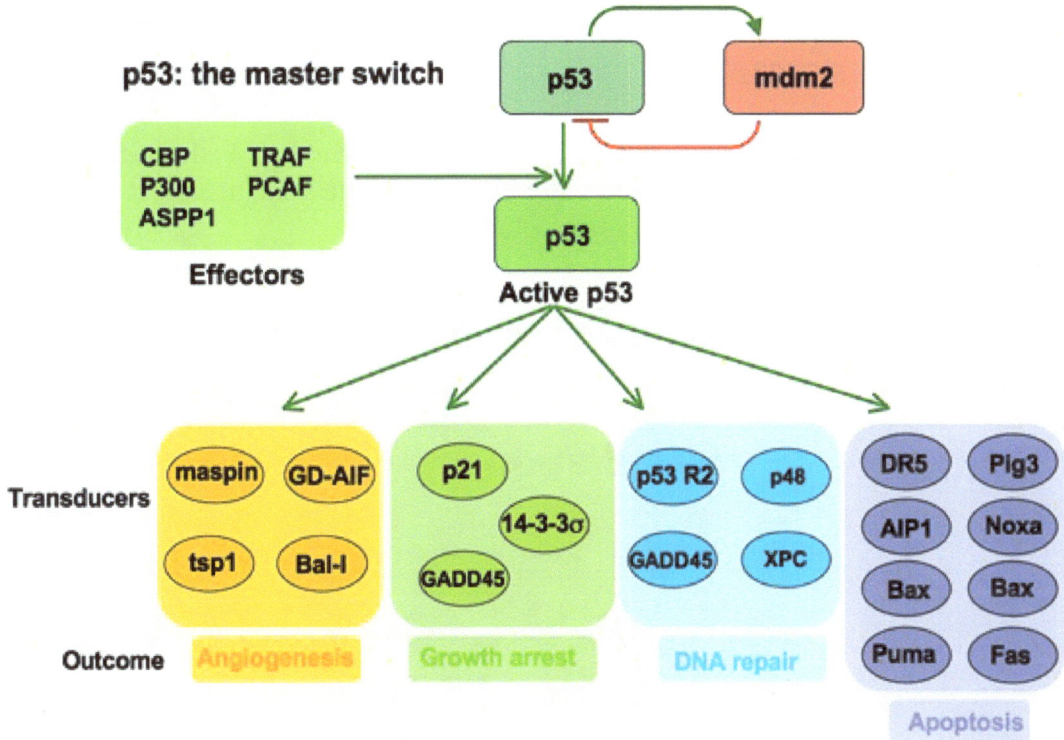

Parada en G1 por transcripción de p21

La expresión de la proteína p21 esta regulada por p53. La p21 prevendrá la fosforilación de Rb por inhibición de las kinasas CDK4 y CDK2 (activadas por las ciclinas D1 y E respectivamente).

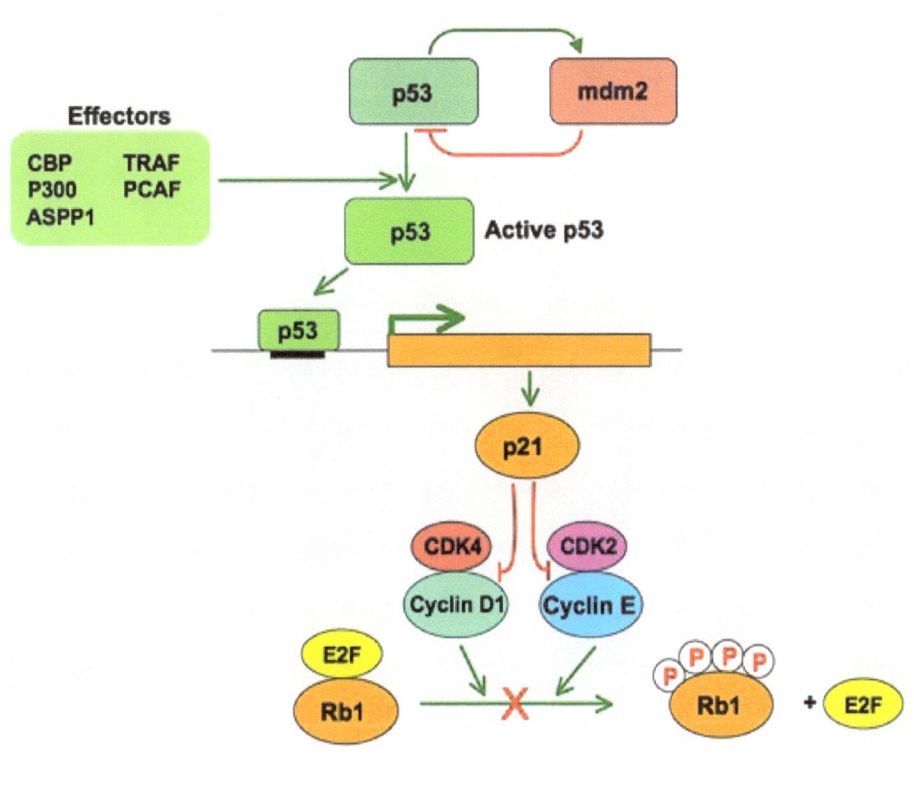

c. Señalización (*upstream*) tras daño del ADN por radiación (gamma)

Se agrupan una serie de proteínas en el ADN dañado provocando la fosforilación de p53 y Mdm2 interrumpiendo la interacción entre las dos proteínas. La acumulación de p53 provoca diferentes respuestas según el tipo celular:

Timocito: apoptosis

Fibroblasto: parada permanente del ciclo, envejecimiento celular.

Célula epitelial: Parada reversible hasta que el ADN está reparado.

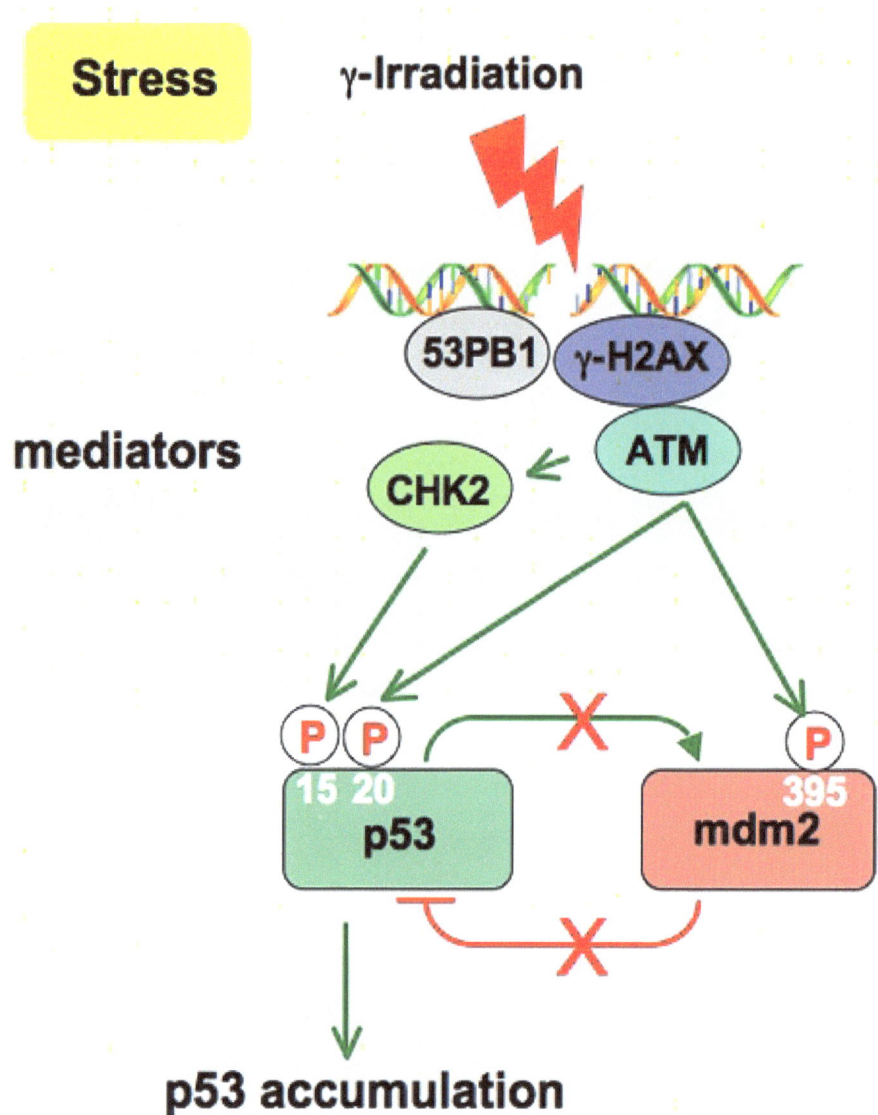

d. Señalización (*upstream*) tras la activación de un oncogen

Abajo están indicados los oncogenes E1A, c-Myc y Ras cuya expresión promueve la transcripción de ARF que bloquea la degradación de p53 al translocar Mdm2 al nucléolo.

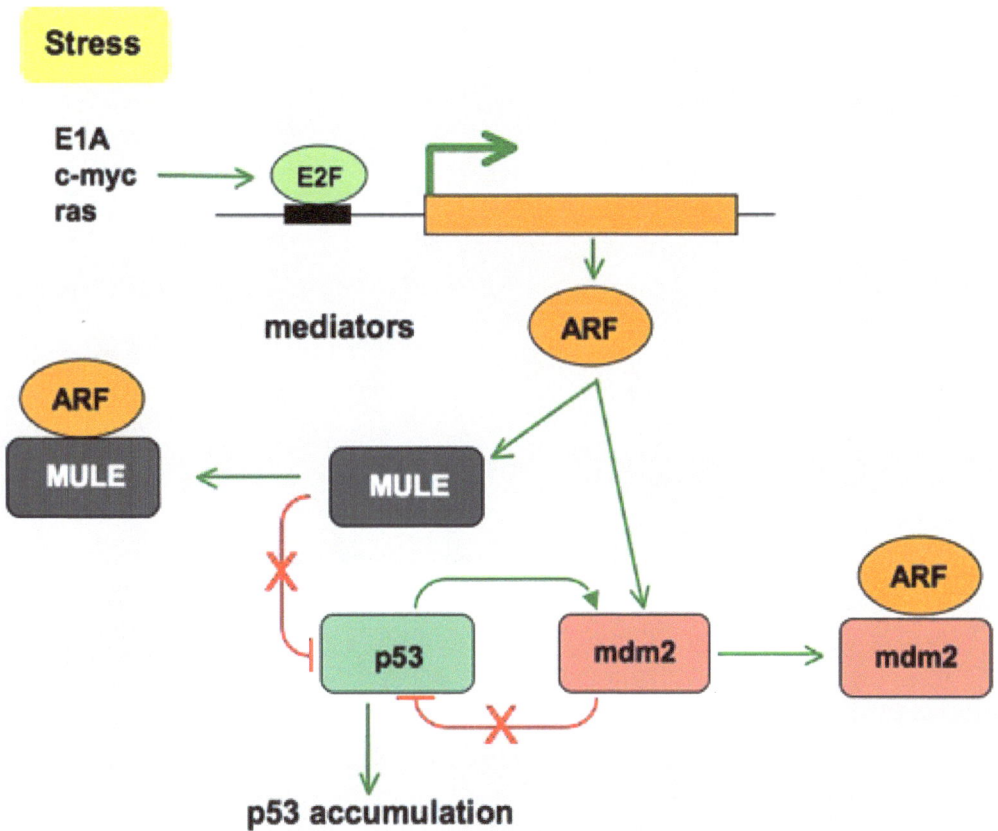

VI. Inactivación de p53 en cáncer

La inactivación de p53 en el cáncer humano es muy heterogénea:

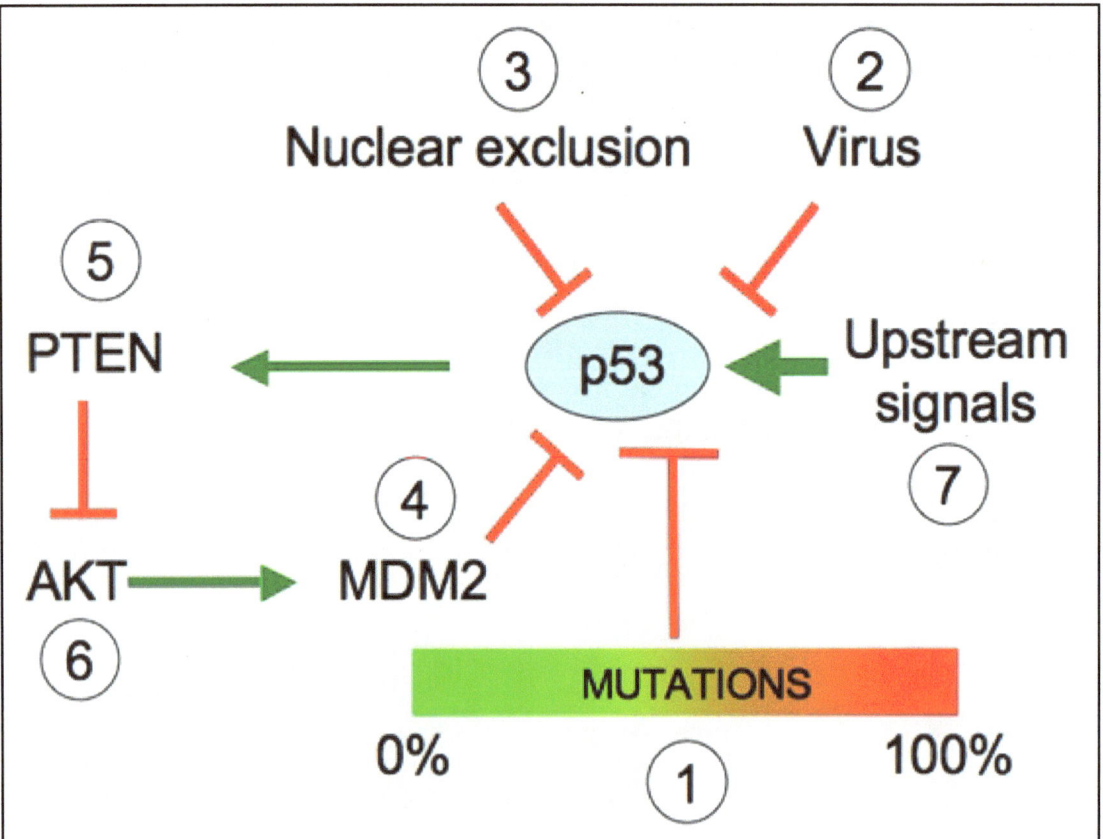

1- Las mutaciones de p53 se encuentran en el 50% de los cánceres humanos pero su penetrancia es muy heterogénea, como refleja los diversos niveles de actividad transcripcional que va desde 0 a 100%.

2- Varios virus ADN, como el SV40, HPV o adenovirus, codifican proteínas cuya diana es p53.

3- En cáncer de mama inflamatorio y neuroblastoma, p53 se encuentra predominantemente en el citoplasma.

4- La acumulación de Mdm2 se encuentra en numerosos cánceres, como el sarcoma o el carcinoma de mama.

5- PTEN, un gen regulado por p53, es mutado en varios tipos de cáncer incluyendo glioblastoma.

6- Aunque no se ha encontrado mutación de AKT en cáncer humano, la activación constitutiva de su actividad kinasa ha sido observada por desregulación de la ruta *upstream*.

7- Las mutaciones en varias rutas *upstream* de p53 (genes ATM, p19ARF o Hcdk2) son observadas en varios tipos de cáncer.

Mecanismo de inactivación de p53	Tumores típicos	Efecto de la inactivación
Mutación en el dominio de unión al ADN - 1	Colon, mama, pulmón, vejiga, cerebro, páncreas, estómago, esófago...	p53 no se puede unir a las secuencias de ADN específicas para activar genes apoptóticos
Deleción del dominio carboxi-terminal - 1	Tumores ocasionales en diversos sitios diferentes	No puede formarse el tetrámero de p53
Multiplicación del gen Hdm2 en el genoma - 4	Sarcomas y cerebro	El exceso de Hdm2 estimula la degradación de p53
Infección viral - 2	Cervix, hígado, linfomas...	Las proteínas virales oncogénicas se unen a p53 inactivándolo y promoviendo su degradación
Deleción de p14ARF - 7	Mama, cerebro, pulmón...	Fallo en la inhibición de Hdm2 para mantener el control de la degradación de p53
Exclusión nuclear de p53 al citoplasma - 3	Mama y neuroblastoma	Pérdida de la función de p53 (sólo funciona en el núcleo)

Las más importantes son:

a. Infección por virus HPV-2

La proteína viral E6 expresada por HPV se une específicamente a p53 e induce su degradación (Scheffner et al., 1990) así mantiene a la célula para replicarse evitando una apoptosis como respuesta al estrés. Esta observación explica la rareza de mutaciones de p53 en cáncer cervical (Crook et al., 1992).

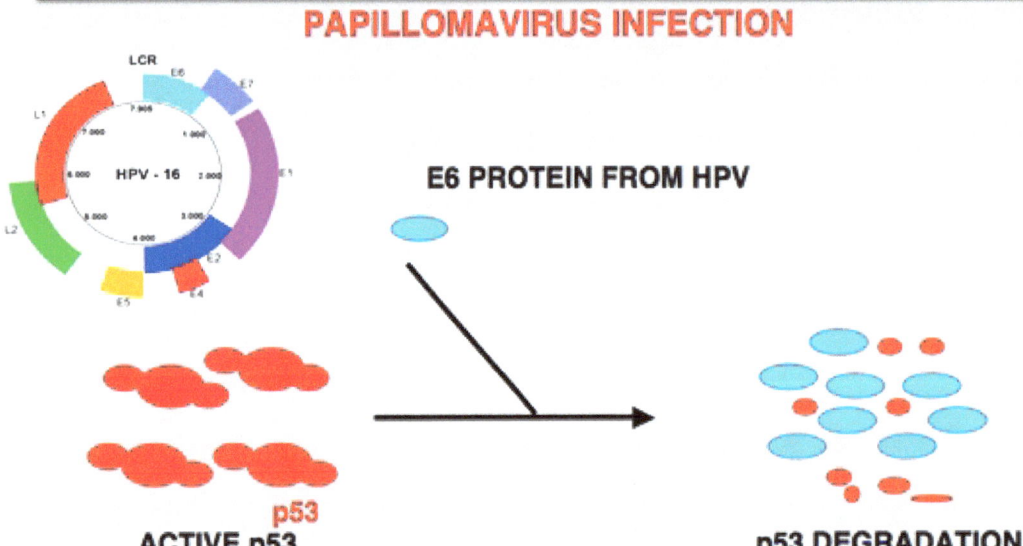

INDIRECT INACTIVATION OF p53

PAPILLOMAVIRUS INFECTION

E6 PROTEIN FROM HPV

ACTIVE p53

p53 DEGRADATION

Los virus oncogénicos se explicarán con más detalle en un capítulo específico más adelante.

b. Amplificación de Mdm2 - 4

La proteína Mdm2 regula la estabilidad de p53 por ubiquitinación y transporte al proteosoma (Iwakuma y Lozano, 2003; Moll y Petrenko, 2003). La acumulación anormal de Mdm2 se observa en muchos tumores, especialmente sarcomas (Onel y Cordon-Cardo, 2004). Esta acumulación puede deberse a la amplificación de su gen, al aumentar la transcripción del gen o la traducción de su ARNm (Michael y Oren, 2002).

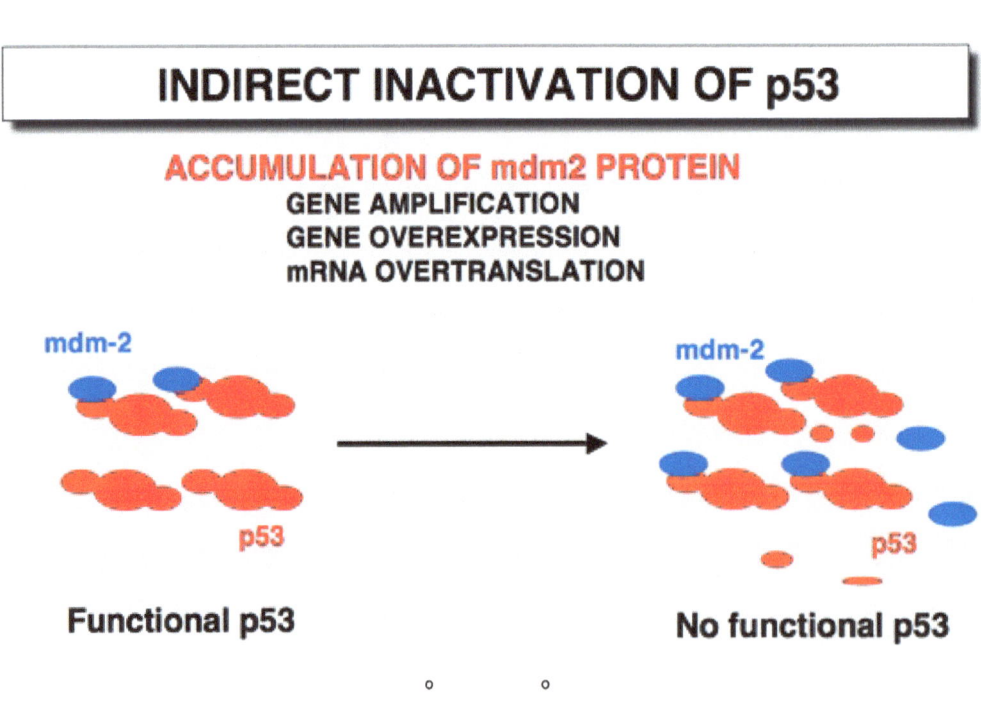

INDIRECT INACTIVATION OF p53

ACCUMULATION OF mdm2 PROTEIN
GENE AMPLIFICATION
GENE OVEREXPRESSION
mRNA OVERTRANSLATION

mdm-2

p53

Functional p53

mdm-2

p53

No functional p53

VII. SÍNDROME DE LI FRAUMENI (5)

LFS es un síndrome de cáncer genético autosómico dominante. Hay dos formas reconocidas del síndrome de Li-Fraumeni: síndrome de Li-Fraumeni clásico (**LFS**) y "*Li-Fraumeni-like syndrome*" (**LFL**).

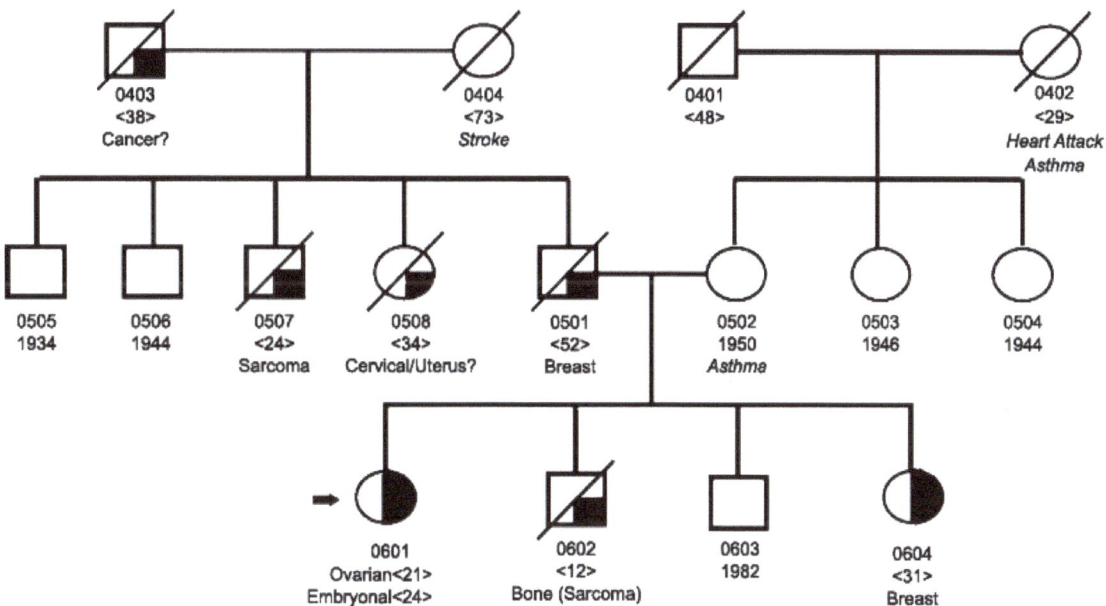

(8) En el **LFS**, la primera mutación se hereda de la madre o del padre y, por lo tanto, está presente en todas las células del cuerpo. Esto se denomina mutación de línea germinal. El hecho de que una persona que presenta una mutación germinal desarrolle cáncer y dónde el o los cánceres se desarrollen depende de en qué tipo de célula se produce la segunda mutación.

(9) El síndrome de Li-Fraumeni es un desorden que aumenta enormemente el riesgo de desarrollar numerosos tipos de cáncer.

Los cánceres asociados con más frecuencia en el síndrome de Li-Fraumeni son cáncer de mama, osteosarcoma (una forma de cáncer de hueso), y sarcomas de tejidos blandos (como el de músculo). Otros cánceres comunes de este síndrome son tumores cerebrales (astrocitoma, meningioma), leucemias, y cáncer adrenocortical (carcinoma que afecta al córtex de las glándulas suprarrenales). También muchos otros tipos de cáncer ocurren con más frecuencia en gente con este síndrome como melanoma, páncreas, linfoma, cáncer de colon, estómago, esófago, de gónadas...

Inicialmente el LFS se refería a Sarcoma, mama (*Breast*), Leucemia y cáncer Adrenocortical conociéndose como síndrome SBLA

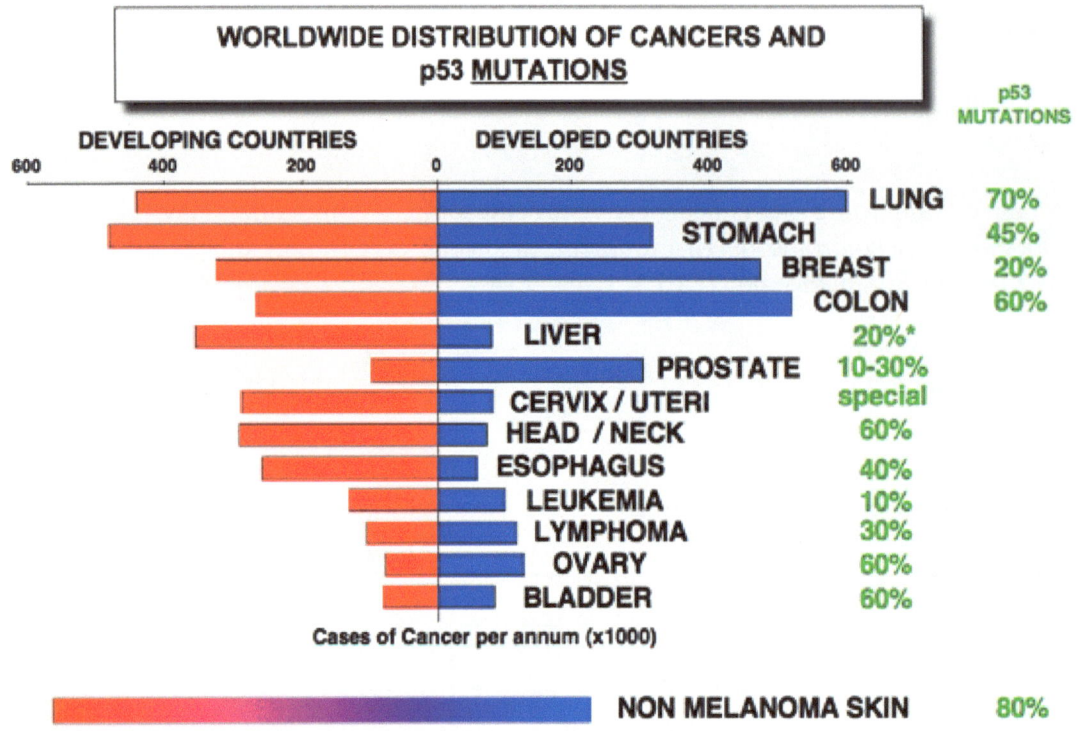

WORLDWIDE DISTRIBUTION OF CANCERS AND p53 MUTATIONS

	Cases of Cancer per annum (x1000)	p53 MUTATIONS
LUNG		70%
STOMACH		45%
BREAST		20%
COLON		60%
LIVER		20%*
PROSTATE		10-30%
CERVIX / UTERI		special
HEAD / NECK		60%
ESOPHAGUS		40%
LEUKEMIA		10%
LYMPHOMA		30%
OVARY		60%
BLADDER		60%
NON MELANOMA SKIN		80%

Más de la mitad de las familias con el síndrome de Li-Fraumeni han heredado mutaciones en el gen *TP53*.

Sólo unas pocas familias con cánceres característicos de LFS y LFL no tienen mutaciones en *TP53*, pero tienen mutaciones en el gen CHEK2 que es también un supresor de tumores.

a Se diagnostica LFS si cumple estos tres criterios:

- sarcoma en un individuo menor de 45 años de edad,
- un familiar de primer-grado con cáncer con menos de 45 años de edad
- un familiar de primer o segundo grado con cáncer con menos de 45 años de edad o sarcoma a cualquier edad.

a **LFL** comparte algunas pero no todas las características de LFS. Hay dos definiciones del LFL.

Definición de Birch del LFL [Birch et al 1994]:

- Un probando con un cáncer infantil o sarcoma, tumor cerebral o tumor adrenal cortical diagnosticado antes de los 45 años.
- Un primer o segundo grado relativo con un cáncer típico del LFS (sarcoma, cáncer de mama, tumor cerebral, adrenal cortical tumor, o leucemia) a cualquier edad
- Un primer o segundo grado relativo con algún cáncer antes de los 60 años.

Definición de Eeles del LFL [Eeles 1995 (6)]:

- Un primer o segundo grado relativo con un cáncer relacionado con LFS a cualquier edad.

El Consejo Genético y el test genético son usados para confirmar que alguien tiene mutación en este gen. Cuando una persona es diagnosticada se recomienda chequeos frecuentes, y deben evitar o minimizar la exposición a radiación lo más posible [Varley 2003 (7)] ya que el gen *TP53* tiene un rol crucial en la reparación genómica [Wang et al 2003] y las células de ratón deficientes en p53 mostraron sensibilidad a la radiación y propensión al cáncer [Mitchel et al 2004].

VIII. Nuevas terapias cuya diana es p53

Todos ellos son inductores de apoptosis:

9 – hidroxielipticina (9-HE): Se conoció primeramente por unirse a las telomerasas de las células cancerígenas acabando con su inmortalidad (10), pero luego se descubrió que además inhiben las kinasas que fosforilan al p53 mutante e induce la expresión y conformación de p53 activa, y por tanto de p21, provocando la expresión de genes apoptóticos.

Péptidos p21: que es una proteína cuya expresión esta controlada por p53, que inhibe las kinasas CDK2 y CDK4 que fosforilan a Rb, aumentando el Rb activo.

Últimamente las investigaciones se centran en (11):

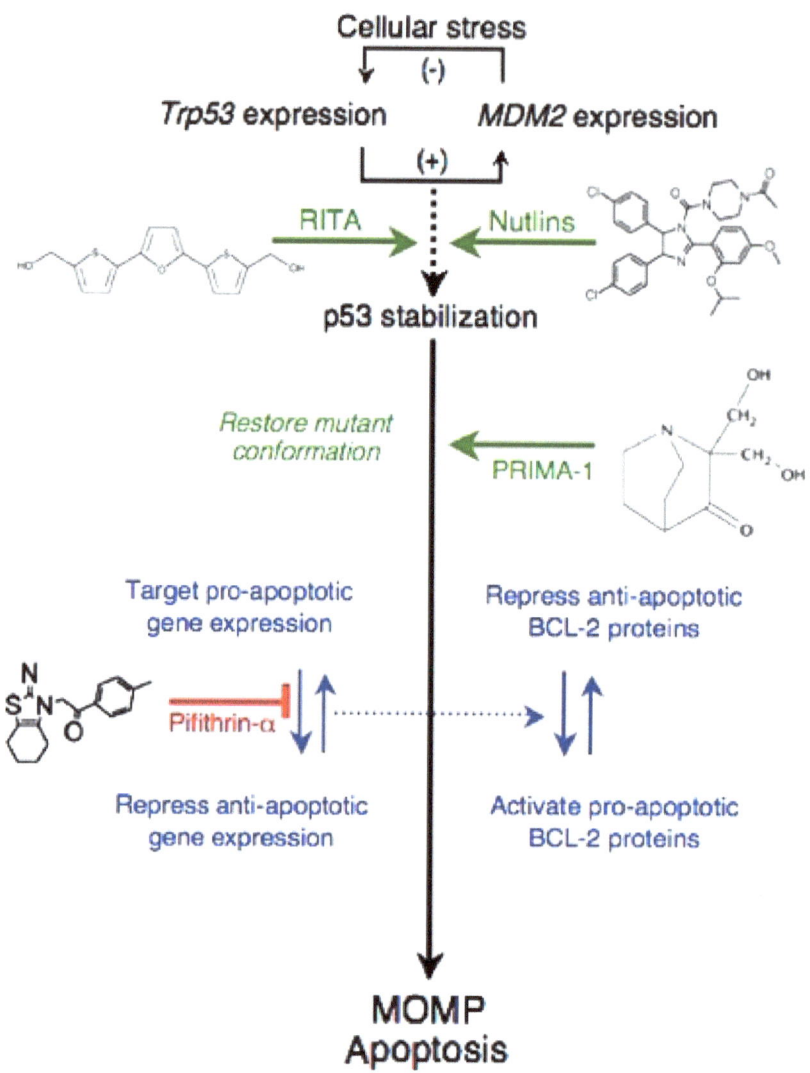

Nutlinas (11) (diseñadas por Vassilev et al.) son pequeñas moléculas de cis-imidazolina que se unen a p53 en el sitio de unión de Mdm2:

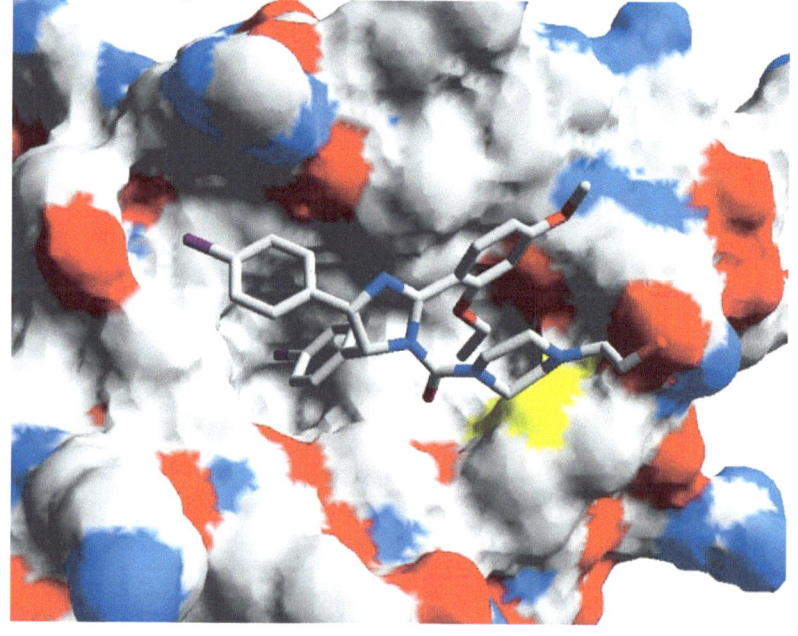

Así provocan la acumulación de p53 activa que induce apoptosis, contra inactivación indirecta de p53 por Mdm2 que lo compleja y lo ubiquitina.

RITA (12) (Reactivation of p53 and Induction of Tumor cell Apoptosis): Se une a p53 induciendo su acumulación en células tumorales y la expresión de genes apoptóticos. RITA previene la interacción p53–HDM2 y la interacción con numerosos reguladores negativos.

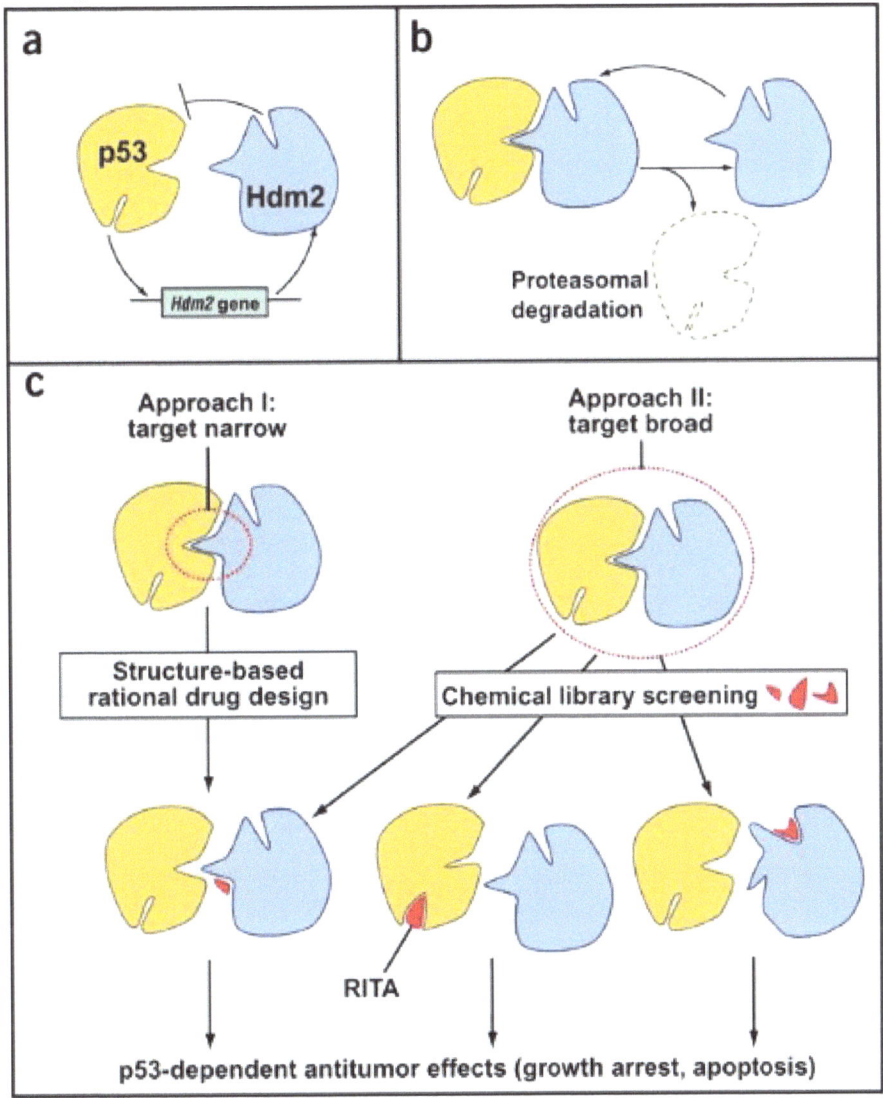

Imagen del artículo: **Andrei V Gudkov**; RITA Cancer drug discovery: the wisdom of imprecision

PRIMA-1 (13): Es una molécula de bajo peso molecular que restaura la función de activación transcripcional del p53 mutante al inducir una translocación nucleolar del p53 mutante a las proteínas asociadas al cuerpo nuclear: a Hsp70 (cuyos niveles están elevados por esta molécula), PML y CBP (la acetiltransferasa). Esta redistribución del p53 mutante al nucléolo induce la apoptosis.

Terapia génica: Usando vectores virales o liposomas que inserten el gen *TP53* para restaurar la actividad p53 y así acumularse en su forma activa provocando la apoptosis o una parada del ciclo celular, siendo más sensible a la quimio y radioterapia.

IX. Virus oncogénicos que modifican p53

a. Virus ARN
1. HTLV-1

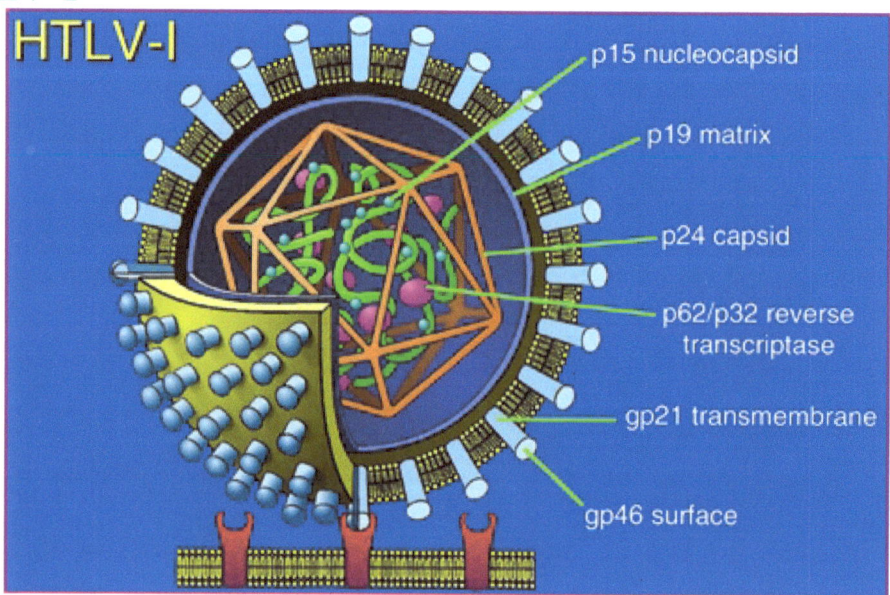

Transmisión: Por contacto sexual, exposición a sangre contaminada (agujas, transfusión de sangre) y transmisión de madre a hijo por la leche; permaneciendo en el 5% de la población.

Síntomas: Por sí mismo no produce síntomas pero causa una supresión de los linfocitos Th2 responsables de la respuesta humoral provocando una inmunosupresión que favorece el desarrollo de enfermedades oportunistas como bronquiectasia, dermatitis crónica y enfermedades desmielinizantes, a partir de los 6 meses

Cánceres asociados: Leucemia y Linfoma de células T (3%)

Mecanismo (14): La proteína Tax inactiva funcionalmente a p53 además de formar un complejo con p21 inhibiéndolo y también forma un complejo con la Ciclina D3 complejada a su vez con Cdk 4/6

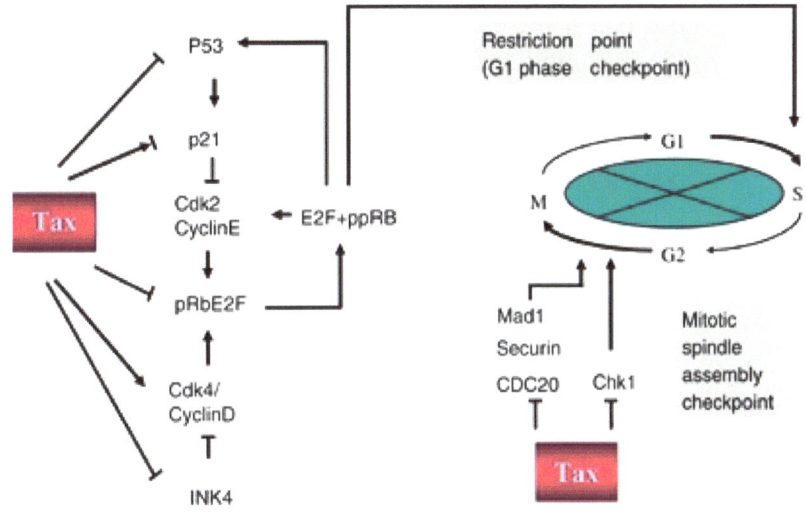

b. Virus ADN

1. Virus Papiloma (HPV)

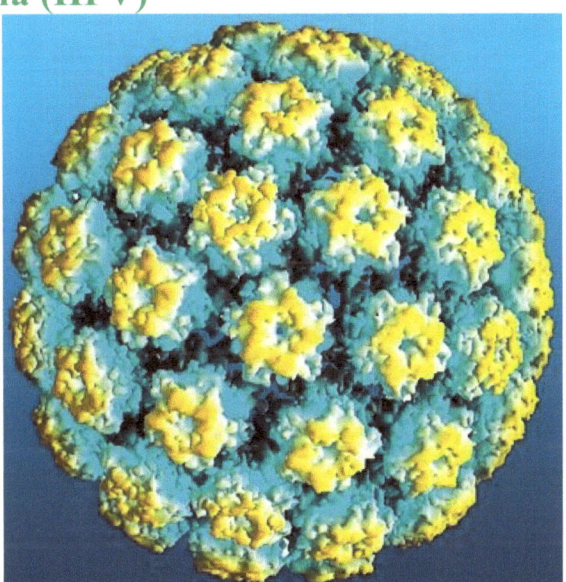

Transmisión: Es un virus epiteliotrópico y se transmiten por contacto con las zonas afectadas, los que afectan mucosas normalmente son transmitidos sexualmente.

Síntomas: Provoca verrugas tras unos 3 meses de la infección

Cánceres asociados: Muy relacionados con los cánceres anogenitales. El 70% de los condilomas por HPV 16 y 18 son los causantes del 91% del cáncer cervical y ya se han desarrollado vacunas contra ellos.

Mecanismo: Cuando la expresión de la proteína E2 desaparece y el genoma de HPV se integra por recombinación no homóloga en el genoma celular rompiendo el gen, E2 deja de unirse al promotor de E6/E7 y aumenta su expresión (se desregula) iniciando la transformación:

La proteína, E6 se une a p53 a través de la proteína celular p100 marcándola para su degradación por la vía de la ubiquitina.

Además expresa otra proteína, E7, que previene la fosforilación de Rb.

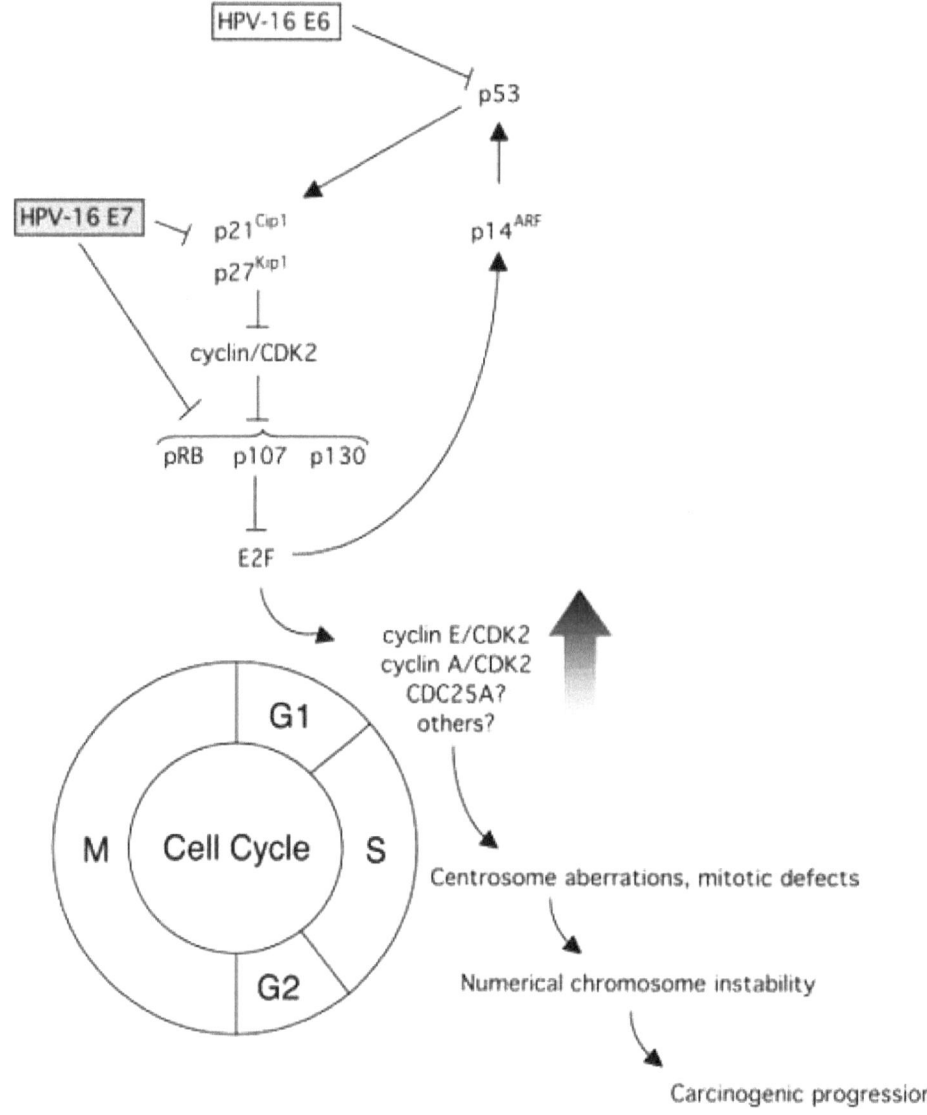

Fig. 4

Esto hace que la célula pierda el freno que controla su proliferación.

Vacuna: El Gardasil, primera vacuna dirigida a prevenir un cáncer, inmuniza contra los virus de más riesgo de cáncer cervical, el HPV-16 y HPV-18 y los de bajo riesgo, el HPV-6 y HPV-11 y da también una inmunidad cruzada contra HPV-45 y HPV-31. Está constituida por "*Virus-Like Particles*", es decir, por cápsulas de virus que no contienen ADN viral, impidiendo así su replicación y están formadas por la proteína principal de la cápsida, la L1, que espontáneamente se autoensambla en VLPs.

2. Virus Polioma

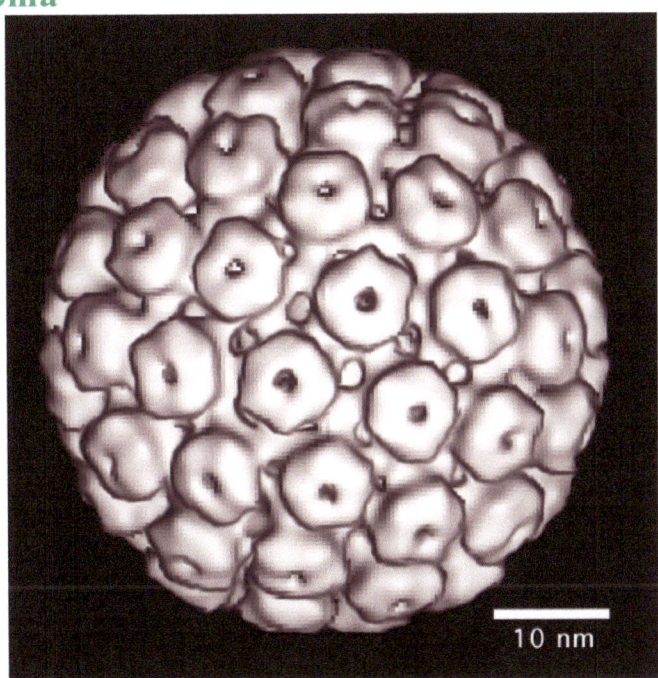

SV-40 (*Simian Virus*) no afecta normalmente a humanos (sólo a aquellos que estén en contacto con monos infectados). Históricamente cientos de millones fueron infectados con una vacuna contra la polio contaminada con SV40 entre 1955 y 1962 (desarrollada en células de riñón de un mono infectado *g*). Se estudia su relación con sarcomas como el meduloblastoma y mesotelioma, y linfoma no-Hodgkin por haber encontrado en el tejido tumoral fragmentos de ADN de SV-40 (15)

Los virus BKV y JCV tienen un 75% de homología siendo sus características muy similares que se tratarán en conjunto:

Transmisión: Se cree que la ruta de transmisión es a través del agua o comida contaminada (el BKV también se transmite por aerosoles respiratorios). La mayoría se infectaron en la niñez (en el caso de JCV suele ser más tarde que con BKV). Los virus quedan latentes en los linfocitos B por siempre (y en BKV también en el riñón, hay casos en transplantados) estando BKV presente en un 80% de la población y JCV en un 75%

Síntomas: Raramente la infección primaria desarrolla síntomas. En el caso de BKV pueden presentarse en algunos casos síntomas en las vías respiratorias superiores e incluso en muy pocos casos dar fiebre tras 5 semanas de la infección. Atacan a las amígdalas y al tracto gastrointestinal

Cánceres asociados: la reactivación está asociada con un sistema inmune comprometido

En JCV: Prácticamente casi todos los casos de Leucoencefalopatia Multifocal Progresiva (PML), que afecta a los oligodendrocitos, son causados por este virus, pero sólo se desarrolla en <1% de los infectados.

En BKV: Se cree que está relacionado con algunos casos de cáncer próstata, renal y de vejiga. (16)

Mecanismo (17): Los antígenos T se unen a p53 y Rb desapareciendo la parada en G1 y progresando la mitosis

El antígeno T grande puede cooperar además con mutantes Ras para la transformación oncogénica ya que causa inestabilidad genética (se expresa en gran cantidad)

JCV

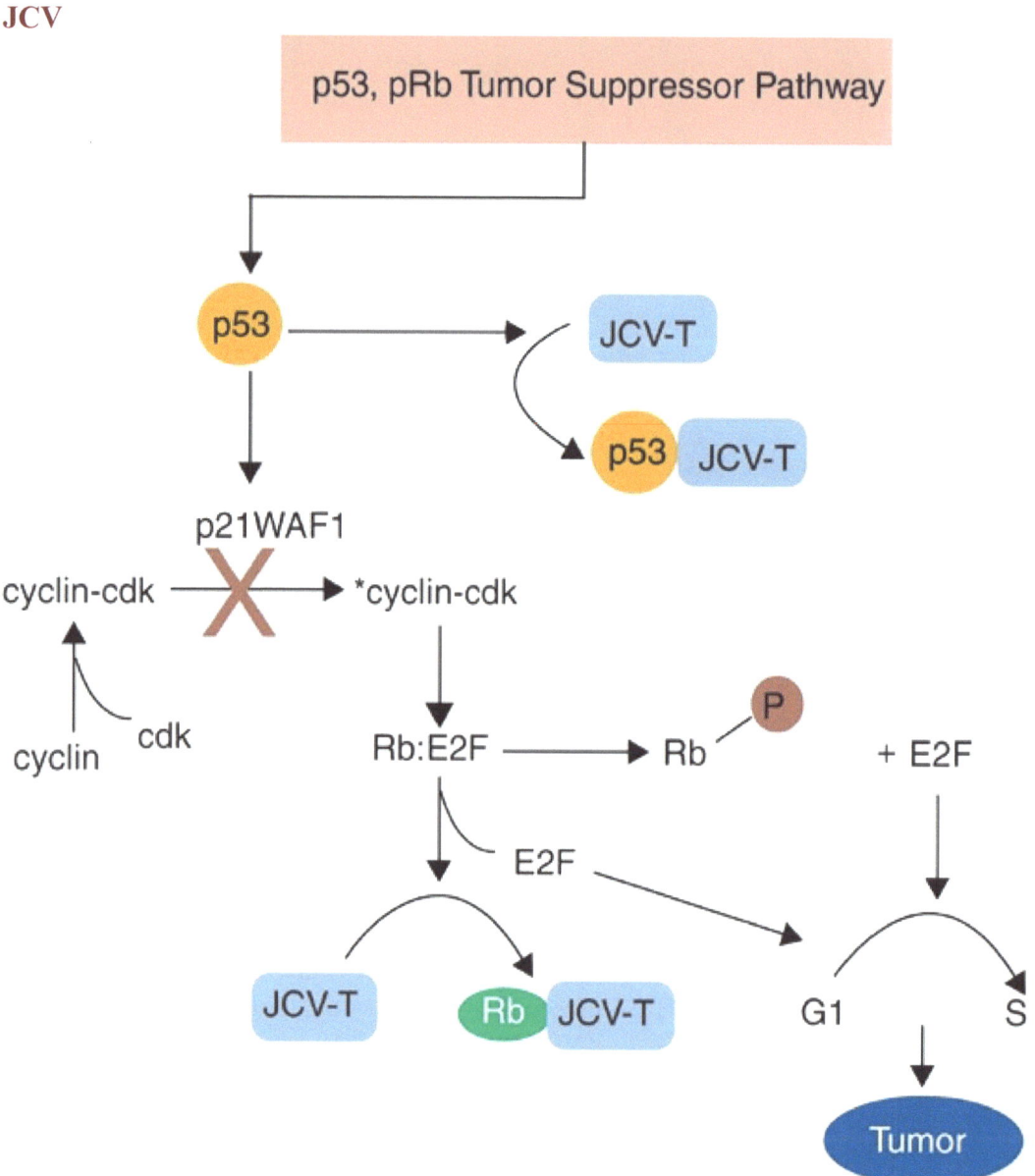

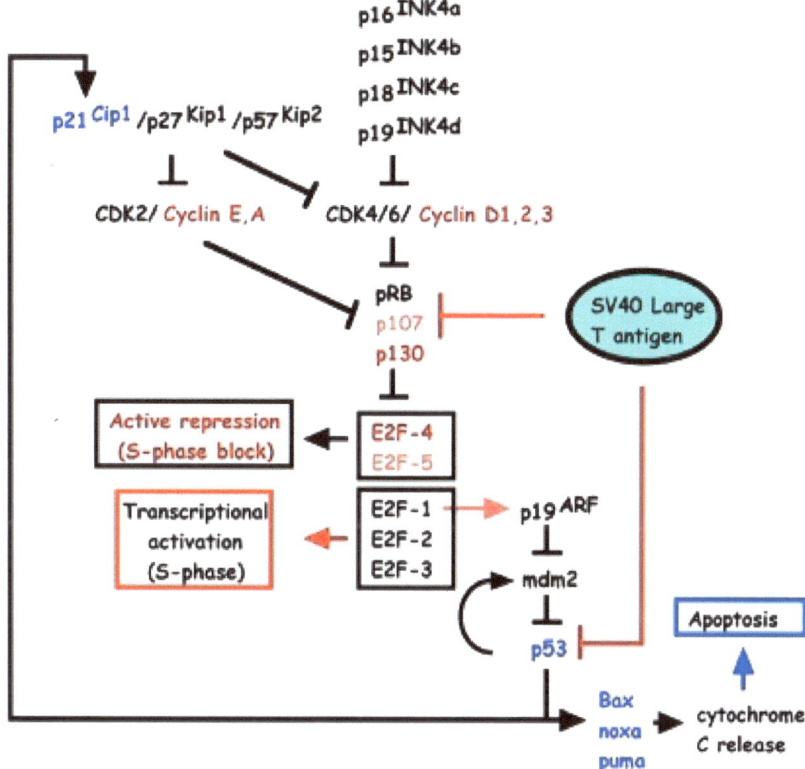

3. Adenovirus (Ad)

Transmisión: se transmiten normalmente por aerosoles respiratorios (gotas de saliva).
Síntomas: Normalmente cursan, tras 6 días de la infección, como un resfriado común aunque pueden complicarse como tos perruna, conjuntivitis, bronquitis y neumonía. En niños también causan faringitis. Atacan las adenoides y amígdalas (a veces también la conjuntiva) donde permanecen durante cierto tiempo.

Cánceres asociados: Es bastante oncogénico en roedores (provocando cánceres de pulmón de células pequeñas, más basadas en mutaciones de p53 y Rb, según Kuwano et al. (18)) aunque no se asocian a cánceres humanos.

Mecanismo (19): Se integran los genes de función temprana en el cromosoma y se expresan las proteínas E1B (55K) que se une a p53 inhibiendo la apoptosis y a E1A que se une a Rb impidiendo que inhiba a E2F que promueve la replicación del ADN viral. Estas proteínas son antígenos T

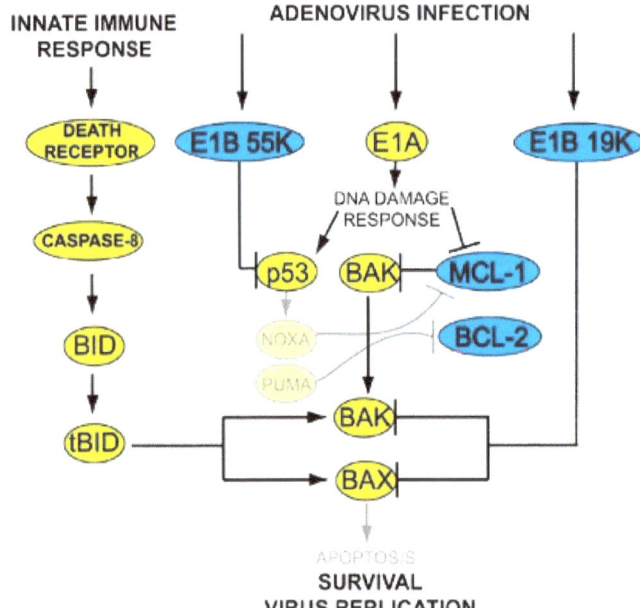

4. Herpesvirus

i. Virus Epstein-Barr (EBV = HHV-4)

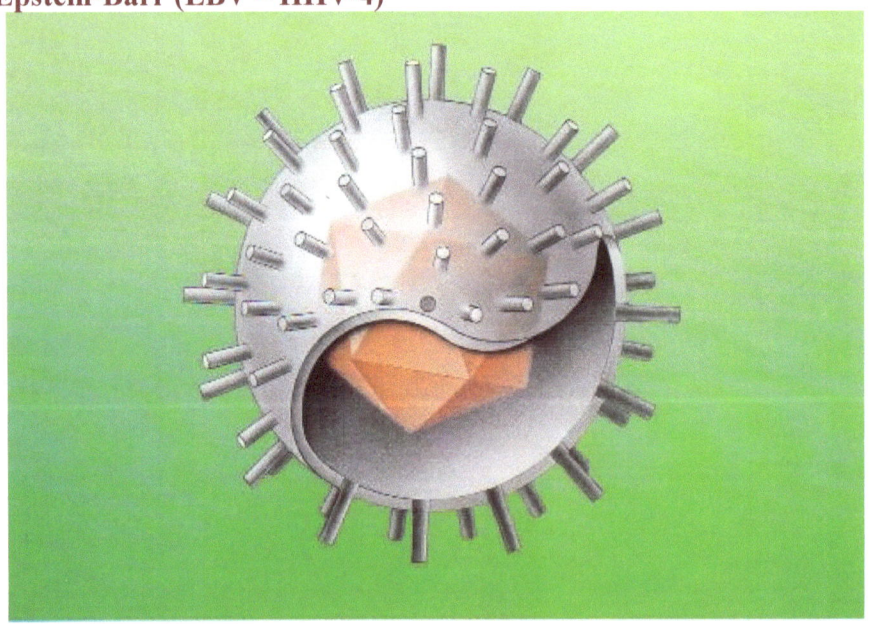

Transmisión: Se transmite por la saliva, de boca a boca en dosis suficiente, normalmente mediante besos (de ahí el nombre de "enfermedad del beso") o usando cubiertos o vasos usados por el infectado (donde queda la saliva). Los anticuerpos contra este virus esta presentes en el 90% de la población.

Síntomas: El contacto con el virus es normalmente asintomático pero puede desarrollarse una infección primaria, si el virus entró en dosis suficiente en un organismo no inmunizado, tras unas 5 semanas en el 35% de los casos (normalmente en la adolescencia aunque también hay casos en la niñez y juventud) conocida como mononucleosis infecciosa o enfermedad del beso.

Infecta el linfoepitelio orofaríngeo pasando a la sangre y a los ganglios cervicales (extendiéndose luego al bazo produciendo esplenomegalia). La fase lítica (2-4 semanas) es respondida por el sistema inmune hasta que EBV induce la fase de latencia, tardando 2-3 meses en retirarse los linfocitos B huésped de la sangre a los ganglios cervicales (periodo en el que se puede infectar a través del linfoepitelio orofaríngeo).

En un 90% de los casos se produce una leve hepatitis con hipertransaminasemia, ya que durante la infección los hepatocitos captan los antígenos de EBV presentándolo a los linfocitos T citotóxicos, activándose (originando las células de Downey) y proliferando originando una inflamación (como en el bazo y los ganglios tras presentar el antígeno las CPA) que detiene la proliferación de linfocitos B infectados. Los restos de células infectadas y los inmunocomplejos son fagocitados por las células de Kupffer; y los restos de su digestión más la eliminación del exceso de respuesta humoral son procesados por los hepatocitos, aumentando las transaminasas. Este proceso provoca un desgaste que produce astenia por lo que se recomienda 1 mes de reposo para resolver la hepatitis y normalizar los niveles de transaminasas (20)

Cánceres asociados (21): El 50% de los casos de linfoma de Hodgkin (linfogranuloma maligno desarrollado por el 2%), el 70% de los cánceres nasofaríngeos (lo desarrolla el 2%) y de los linfomas no-Hodgkin de células B, principalmente el linfoma de Burkitt (donde se descubrió por primera vez) que representa el 15% (lo desarrolla >1%)

Mecanismo (22): En la latencia se expresa la proteína EBNA-1 necesaria para la replicación del episoma y además regula su transcripción

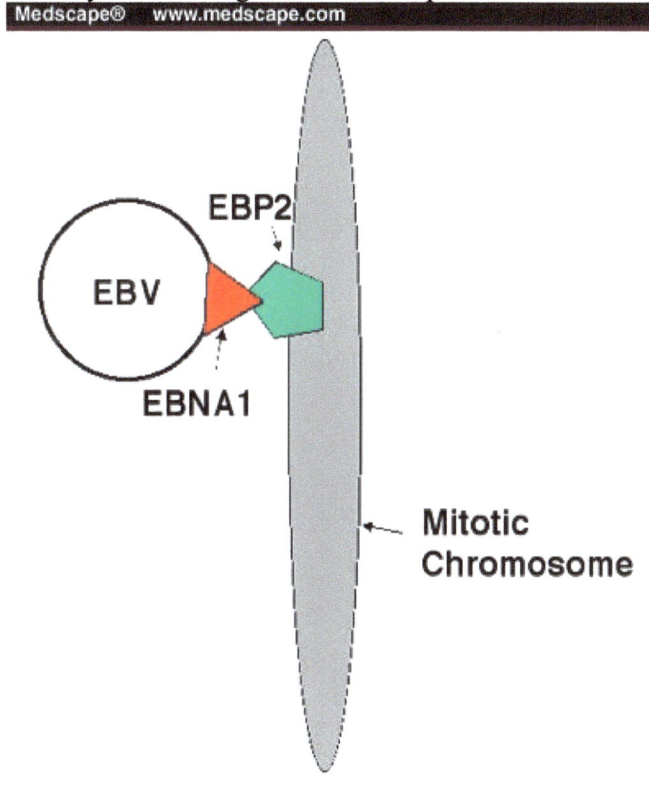

Además esta proteína se une a la proteína desubiquitinadora USP-7 o HAUSP previniendo su interacción con p53 para que no lo estabilice (según Saridakis et al.)

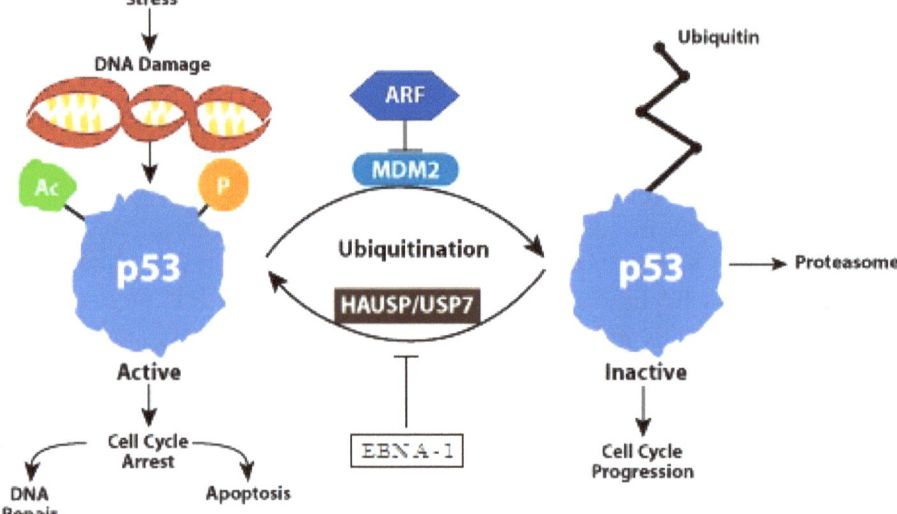

Además EBNA-5 o EBNA-LP, proteína que activa la función de transactivación de EBNA-2 para sus genes diana, forma complejos con p53 y Rb inhibiéndolos.
Hay otras proteínas implicadas en la inmortalización y oncogénesis (LMP-1, LMP-2...).

Vacuna (23): se están desarrollando vacunas sintéticas con la glicoproteína de membrana gp340 (que sólo se diferencia de gp220 por un splicing de un único gen sin cambiar el marco de lectura) en transportadores como liposomas o vectores virales (Fase I en 1999 por Aviron). También se estudia que sea el antígeno nuclear EBNA-3A.

ii. Citomegalovirus (CMV = HHV-5)

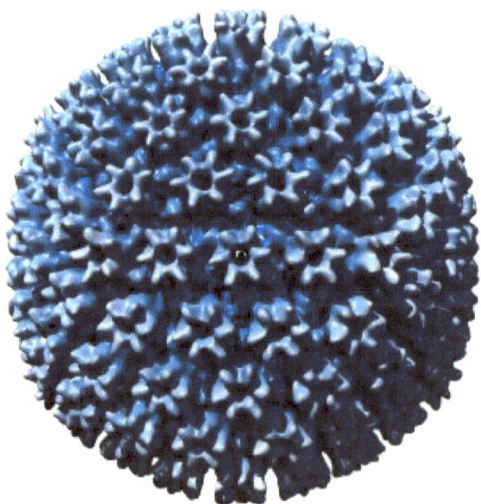

Transmisión: La principal vía de transmisión es vertical de madre a feto (dando el citomegalovirus congénito en 1% de los recién nacidos) pero también puede transmitirse por los fluidos corporales.

Síntomas: Se encuentra en el 75% de la población de los cuales el 18% desarrollan un síndrome mononucleósico (parecido a la mononucleosis infecciosa), con fiebre prolongada y una leve hepatitis, al cabo de 8 semanas; tras la cual queda latente de por vida en los linfocitos T y en menor medida en las células endoteliales

Cánceres asociados: Se estudia su relación con el cáncer cervical (un 9,5% de los casos según Chan et al. **(24)**) y cáncer colorrectal (según Woznicki **(25)**)

Mecanismo: IE-86 forma un complejo con p53 que elimina su capacidad de activación de la transcripción.

5. Virus de la Hepatitis B (HBV)

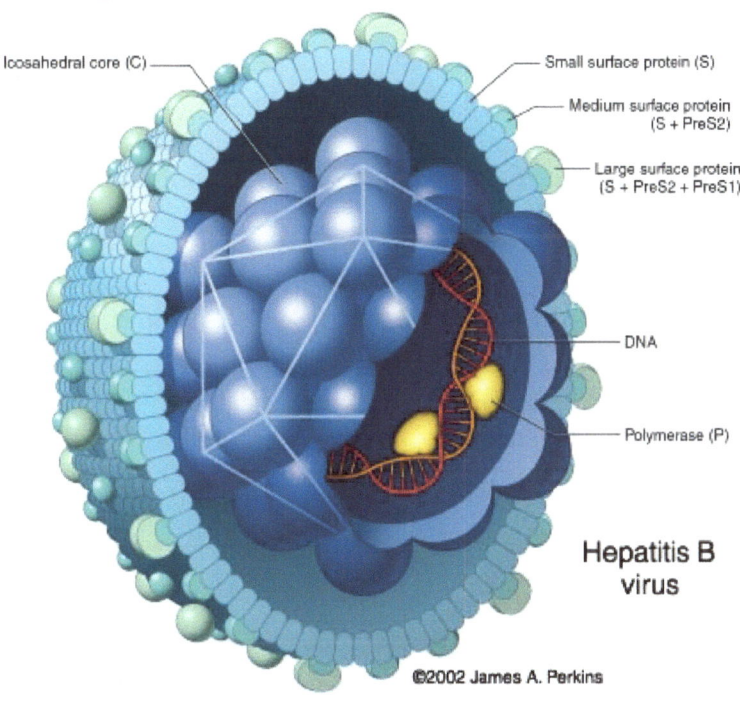

Small surface protein (S)
Medium surface protein (S + PreS2)
Large surface protein (S + PreS2 + PreS1)
Icosahedral core (C)
DNA
Polymerase (P)
Hepatitis B virus
©2002 James A. Perkins

Transmisión: Transfusiones de sangre contaminada, transmisión vertical de madre al feto o exposición a fluidos corporales como en el contacto sexual.

Síntomas: Produce una hepatitis (inflamación del hígado) tras 3 meses.

Cánceres asociados: Hay una gran correlación con el carcinoma hepatocelular. El 99% de los casos de dicho carcinoma son debidos a este virus, pero pocos casos de hepatitis B desencadenan dicho cáncer tras mucho tiempo (<1%). Además ya hay vacuna contra la hepatitis B

Mecanismo: La proteína pX o HBx forma un complejo con p53, secuestrándolo.

X. BIBLIOGRAFÍA

a. Artículos:

(1) **Kress M, May E, Cassingena R and May P (1979)** Simian Virus 40-transformed cells express new species of proteins precipitable by anti-simian virus 40 serum. J. Virol. 31: 472-483.

(2) **Linzer DIH and Levine AJ (1979)** Characterization of a 54 K dalton cellular SV40 tumor antigen resent in SV40-transformed cells and in infected embryonal carcinoma cells. Cell 1: 43-52.

(3) **Melero JA, Stitt DT, Mangel WF and Carroll RB (1979)** Identification of new polypeptide species (48-55K) immunoprecipitable by antiserum to purified large T antigen and present in simian virus 40-infected and transformed cells. J. Virol. 93: 466-480.

(4) **Hamelin R, Huret JL** . P53 (Protein 53 kDa); TP53 (tumor protein p53 (Li-Fraumeni syndrome)). Atlas Genet Cytogenet Oncol Haematol. October 1998 .URL : http://AtlasGeneticsOncology.org/Genes/P53ID88.html *b*
   Soussi T . P53 (Protein 53 kDa); TP53 (tumor protein p53 (Li-Fraumeni syndrome)). Atlas Genet Cytogenet Oncol Haematol. October 2002 .URL : http://AtlasGeneticsOncology.org/Genes/P53ID88.html *b*

(5) **Li FP and Fraumeni JF Jr (1969)** Soft-tissue sarcomas, breast cancer, and other neoplasms. A familial syndrome? *Ann Intern Med* 71:747-52 *c*

(6) **Eeles RA (1995)** Germline mutations in the TP53 gene. *Cancer Surv* 25:101-24 *c*

(7) **Varley JM (2003)** Germline TP53 mutations and Li-Fraumeni syndrome. *Hum Mutat* 21:313-20 *c*

(8) **Nichols KE, Malkin D, Garber JE, Fraumeni JF Jr, Li FP (2001)** Germ-line p53 mutations predispose to a wide spectrum of early-onset cancers. *Cancer Epidemiol Biomarkers Prev* 10:83-7 *c*

(9) **Hisada M, Garber JE, Fung CY, Fraumeni JF Jr, Li FP (1998)** Multiple primary cancers in families with Li-Fraumeni syndrome. *J Natl Cancer Inst* 90:606-11 *c*

(10) **N . Sato** 9-Hydroxyellipticine inhibits telomerase activity in human pancreatic cancer cells . *FEBS Letters , Volume 441 , Issue 2 , Pages 318 - 321*

(11) **David P. Lane and Peter M. Fischer (2004)** Turning the key on p53. *Nature 427, 789-790 *d**

(12) **Natalia Issaeva, Przemyslaw Bozko, Martin Enge, Marina Protopopova, Lisette G G C Verhoef, Maria Masucci, Aladdin Pramanik & Galina Selivanova**

Small molecule RITA binds to p53, blocks p53–HDM-2 interaction and activates p53 function in tumors

(13) Rökaeus N, **Klein G**, **Wiman KG**, **Szekely L**, **Mattsson K**.: PRIMA-1(MET) induces nucleolar accumulation of mutant p53 and PML nuclear body-associated proteins

(14) Ralph Grassmann, Mordechai Aboud and Kuan-Teh Jeang : Molecular mechanisms of cellular transformation by HTLV-1 Tax *d*

(15) Eibl RH, Kleihues P, Jat PS, Wiestler OD (1994) Un modelo para tumores primitivos neuroectodermales en transplantes transgénicos neurales, con el antígeno SV40 grande *T. Am J Pathol; vol. 144, nº3, pp.556-64*

(16) Rollison DE, **Sexton WJ**, **Rodriguez AR**, **Kang LC**, **Daniel R**, **Shah KV (2007)**. Lack of BK virus DNA sequences in most transitional-cell carcinomas of the bladder. *Int J Cancer. Vol. 120, nº6, pp.1248-51* *e*
  Imperiale, Michael J. (2002) : Role of the Human Polyomavirus, BKV, in Prostate Cancer; *Annual rept.* (http://handle.dtic.mil/100.2/ADA411384) *f*
  M P Grossi, A Corallini, A Valieri, P G Balboni, F Poli, A Caputo, G Milanesi, and G Barbanti-Brodano (1982) Transformation of hamster kidney cells by fragments of BK virus DNA; *J Virol., Vol. 41, nº.1, pp. 319–325* *e*

(17) Krzysztof Reiss and Kamel Khalili : Viruses and cancer: lessons from the human polyomavirus, JCV *d*
  Deepika Ahuja, M Teresa Sáenz-Robles and James M Pipas : SV40 large T antigen targets multiple cellular pathways to elicit cellular transformation *d*

(18) KUWANO K.; KAWASAKI M.; KUNITAKE R.; HAGIMOTO N.; NOMOTO Y.; MATSUBA T.; NAKANISHI Y.; HARA N. (1997): Detection of group C adenovirus DNA in small-cell lung cancer with the nested polymerase chain reaction (*Journal of cancer research and clinical oncology, vol. 123, nº7, pp. 377-382*)

(19) E White : Mechanisms of apoptosis regulation by viral oncogenes in infection and tumorigenesis *d*

(20) Nancy F. Crum (2006) : Epstein-Barr virus hepatitis: Case Series and Review; *Southern Medical Journal Vol. 99, nº5, pp.544-547*
Kimura H., Nagasaka T. Hoshino Y., et al (2001). Severe hepatitis caused by Epstein-Barr virus without infection of hepatocytes; *Hum Pathol 32:757-762*

(21) M.K. Gandhi, J.T. Tellam and R. Khanna (2004), Epstein-Barr virus-associated Hodgkin's lymphoma, *Br. J. Haematol.* 125, pp. 267–281.
  P. Busson, C. Keryer, T. Ooka and M. Corbex (2004), EBV-associated nasopharyngeal carcinomas: from epidemiology to virus-targeting strategies, *Trends Microbiol.* 12, pp. 356–360.
  G. Kennedy, J. Komano and B. Sugden, Epstein-Barr virus provides a survival factor to Burkitt's lymphomas, *Proc. Natl. Acad. Sci. U.S.A.* 100 (2003), pp. 14269–14274.

(22) Jodi Black, PhD : Viral Persistence and Immune Evasion (www.medscape.com/viewarticle/420760) *h*

M.J. Clemens (2004)**,** Targets and mechanisms for the regulation of translation in malignant transformation, *Oncogene* 23, pp. 3180–3188.

V. Saridakis, Y. Sheng, F. Sarkari, M.N. Holowaty, K. Shire and T. Nguyen *et al.* (2005), Structure of the p53 binding domain of HAUSP/USP7 bound to Epstein-Barr nuclear antigen 1: implications for EBV-mediated immortalization, *Mol. Cell.* 18, pp. 25-36

(23) Arrand, J.R. Prospects for a vaccine against Epstein-Barr virus. *Cancer J.* 1992; 5(4): 188-193.

(24) P K S Chan, M Y M Chan, W W H Li, D P C Chan, J L K Cheung, A F Cheng : Association of human ß-herpesviruses with the development of cervical cancer: bystanders or cofactors *(INIST-CNRS, Cote INIST : 2049, 35400012705456.0110)*

(25) Katrina Woznicki (2002): Common CMV Linked To Colon Cancer; *UPI Science News* *i*

b. Webs
www.p53.free.fr
www.geneclinics.org *a*
www.atlasgeneticsoncology.org *b*
www.ghr.nlm.nih.gov (Genetics Home Reference)
www.ncbi.nlm.nih.gov (Medline) *c*
http://www.nlm.nih.gov/medlineplus/ (MedlinePlus) y en.wikipedia.org (para la información de los virus)
www.nature.com *d*
www.pubmedcentral.nih.gov *e*
www.handle.dtic.mil *f*
www.sv40foundation.org *g*
www.sgm.ac.uk/JGVDirect/18189/18189ft.htm
www.sciencedirect.com
www.medscape.com *h*
www.rense.com *i*